JN449307

내 마음 속의 수학풍경

김상룡 지음

내 마음 속의 수학풍경

김상룡 지음

教友社

머리말

수학은 공통성을 그 기본이념으로 삼는다. 기호의 세계는 그래서 보다 추상적이고 합리적이다. 하지만 기호에 대한 사람들 각자의 해석, 감상은 다를 수밖에 없다. 이러한 생각들은 지금까지의 각자의 삶의 무게와 경험에 따라서 다르다. 또한 각 개인이 추구하는 이상에 따라 다르다. 결국 수학에 대한 감상은 지구상의 인간에게 있어서 모두에게 고유속성을 가질 수밖에 없다. 각자의 향기와 색깔을 머금은 한 송이 꽃을 피우고 한껏 그 자태를 뽐내는 것이 된다.

10여 년 간 강의에서 만나는 대학생들과 수학교육을 포함한 많은 영역과 수준에 대하여 많은 논의를 했다. 처음에는 순수하게 새로움을 추구하는 것에서 희열을 맛보았다. 학생 한명 한명이 자신의 경험과 소신에서 비롯되어지는 다양한 이야기들 속에서 삶의 소중함을 알게 되었으며, 다양한 삶의 태도와 수학으로 표현된 주옥과 같은 내면의 세계를 통하여 많은 것들을 배우고, 나를 돌아보게 하는 생각들을 가지게 되었다. 해가 거듭될수록 영역은 넓어지고 다양한 생각들이 모였다. 그냥 나 혼자 감상하기에는 너무나 아까워서 이 글들을 엮어 한편의 책을 만들고 싶은 욕망이 용솟음쳤다. 이러한 과정을 거쳐서 이 작품이 탄생되기에 이르렀다. 학생들의 생각에 조금의 가필이나 수정이 이루어졌고, 학생들끼리 발표하는 가운데 조금은 더 세련되고 풍부해졌다. 그래서 어떤 내용들은 발표 후 다시 작성된 것들도 다수 있다. 학생들의 생각을 표현한 것들을 토대로 하였기에 한 사람이 쓴 것처럼 경어를 모두 사용하지 않았으며, 기본적인 어투는 평어, 경어가 혼재되어 있으나 통일하지는 않았다.

수학에 대한 생각이 이렇게 다양하게 펼쳐질 수 있다는 사실에 놀라움을 금치 못하였다. 미처 생각지도 상상하지도 못했던 삶의 향취들, 수학 영역 곳곳에 스며있는 삶의 아이디어들이 그것이다. 오늘날 많은 학생들이 초등학교 저학년 때에는 수학을 잘하고 좋아하다가 성인이 될 수록 국민의 일부만이 수학을 좋아하게 되는 현상이 현실이다. 아무리 수학일지라도 우리가 인정하는 것만큼의 지혜와 생기를 가진다는 점에서 수학불안이나 수학에 대한 생각을 좋은 것으로 아름다운 것으로 생각하는 계기가 되길 또한 바란다.

학생들에게 수학이란 '어제 생각하였거나, 오늘 지금 생각하거나, 내일 생각하더라도 조건이 같을 때 변하지 않는 그 무엇이다'라고 강조하였다. 그만큼 각 개인의 정체성과 삶의 철학이 중요하며, 자신의 생각을 곱씹어 보는 것이 필요하다는 것이다. 우리나라 국민들이 가장 간과했던 수학에 관한 것들로 수학을 자신과 관계되지 않는 절대 불변의 진리로 여기며, 각 개인과는 관계없이 존재하는 것이라는 믿음일 것이다. 그러나 수학은 타인을 제대로 이해하고 나를 알리기 위한 기초로서의 그 무엇이다. 나의 개인적 경험으로는 수학은 항상 우리 인간을 이해하는 가장 핵심적이면서도 가치 있는 것임을 느끼게 한다.

이 작품이 탄생되기까지 나와 만났고, 이 이야기들의 소재를 제공하고 수학적인 삶을 희구한 모든 학생들에게 지금은 현직 교사가 되어 있는 모두에게 감사의 말을 전한다. 많은 학생들의 이름을 실명을 사용하지 않고 생략한 점을 미안하게 생각하며, 다른 사람들에게 소중한 자신의 경험을 그림자로나마 알리게 된 점을 기쁘게 생각해 주리라 믿어 의심치 않는다.

수학적 삶과 좌우명, 자신의 삶의 철학을 수학문장으로 나타내고 설명하는 것들을 중심으로 수학적 아이디어로 삶과 연결시키고 풍부하게 해석한 글로 구성되어졌다. 이 책에서 만나는 수학적 기호인 1, 0, 2, 3, …과 사칙연산, 수학적 소재들이 우리 학생들에 의해서 각자의 삶을 실었다. 수학도 이렇게 색깔을 입히고 향기를 머금을 수 있겠구나, 하는 생각이 절로 날 것이다.

우리는 이 책에서의 다양한 삶의 향기를 느끼면서, 우리들 삶에서 느끼는 수학적 아이디어, 수학 아이디어를 활용한 각종 에피소드 발굴을 통해 우리 인식의 장을 넓혀 나가는 계기가 되길 바란다. 또한 자신의 고유한 생각을 중심으로 표현하는 것으로서의 그 가능성을 탐구하는 계기가 되길 바란다.

이렇듯 수학이란 고정된 그 무엇이 아니라 우리 개인 각자에게 삶의 활력소인 동시에 지혜를 안겨다 주는 보고이다. 단지 수학 문제 해결이라는 관점을 넘어 살아 숨쉬며, 우리 인간을 보다 인간답게 해주는 그 무엇이다. 수학을 진정 잘하는 사람이란, 제대로 알기 때문에 손해 볼 줄 아는 사람이다.

자신의 판단을 유보한 채 성급한 결론을 내리지 않은 상태에서 각 개인의 삶에 묻어나는 향취를 맛볼 수 있는 여유와 상대방에 대한 인정으로부터 수학이 시작됨을 생각해 보자.

$$1 + 1 = 10$$

위 명제는 참인가, 거짓인가? 거의 모든 사람들이 거짓이라고 답할 것이다. 우리의 고정관념에 따른 아직도 종료되지 않은 시점에서는 그렇다. 그러나 조금 더 나아가자.

$$1 + 1 = 10_{(2)}$$

그렇다면 이 명제는 어떠한가. 이 명제도 거짓인가? 아니, 이 명제는 명백히 참이다. 사람들은 구체적인 언급이 없으면 일상에서 쓰이는 식은 의례히 십진법으로 계산한다. 약속으로 정했다는 이유 때문이다. 세상에는 다양한 사람들이 살고 있고 그들은 각양각색의 생각을 한다. 그러나 세상은 '정답'이라는 것을 정해놓고는 '정답'과 다른 생각을 하는 사람들을 틀렸다고 배척하거나 그들에게 '정답'을 강요한다. 틀린 것은 없다. 다만 다른 것만이 존재할 뿐이다. 우리가 틀렸다고 생각하는 것들도 조금만 다르게 생각하거나 다른 사람의 입장에서 본다면 정답이 될 수 있다. 획일적인 고정관념(십진법적 사고)에서 벗어나 유연한 사고와 타인을 이해하는 태도를 길러야 한다.

철저하게 존재적인 의미에서 세상을 바라보고 대화를 하다보면 상대방을 인정하고 진정으로 이해하려는 마음, 다른 것을 고유한 개성으로 수용하는 것이 필요하다. 그렇기에 수학은 타인을 이해하는 첩경으로 아울러 상대방에 대한 철저한 배려를 위해 알아야 하고, 맥락에서 주어지는 조건과 그 추론과정에 대해 이야기할 수 있는 최소한의 소재가 된다.

지금까지 이 책이 완성되도록 도와준 대구교육대학교 학생들에게 진심으로 감사의 말을 전한다. 이 글을 읽게 된다면 당시의 상황에 대해 돌아보고 더 좋은 수학적 아이디어 및 다양한 해석들을 발굴하는 계기로 삼았으면 한다.

이 글을 읽어주고 코멘트 및 수정을 해준 안창숙 선생님, 이야기를 듣고 좋은 삽화를 그려 준 송정은 선생님께도 감사의 말을 전한다.

어려운 여건임에도 기꺼이 출판해 주시기로 한 교우사 오판근 사장님께 무한한 존경과 감사의 말씀을 전하며, 좋은 책으로 거듭나게 해준 교우사 편집부 백지선 님께 감사를 표하는 바이다.

독자들도 자신만의 삶의 노하우나 삶의 방식을 하나의 수학적인 표현으로 하고 저마다의 색깔과 아름다운 언어로 표현하고 실천하며 더불어 살아가는 삶을 진정으로 향유하길 바라며, 이 글들이 시금석으로 작용하는 계기가 되길 바란다.

저자 김 상 룡

차 례

풍경 하나

특정한 수로 표현된 삶과 좌우명

풍경 둘

수식으로 표현된 삶과 좌우명

풍경 셋

도형과 함수로 나타낸 삶과 좌우명

풍경 넷

수학적으로 삶 소개하기

풍경 다섯

기타 수학적 아이디어로 표현된 삶과 좌우명

풍경 하나

특정한 수로 표현된 삶과 좌우명

001
1과 관련된 단상들

1은 무한대의 필요충분조건

우리는 흔히 1을 하찮게 본다. '하나 가지고 뭘 하겠어?', '한사람의 힘으로 해낼 수 있을까?' 같이 하나라고 생각하면 흔히 무시하고 쉽게 본다. 하지만 우리가 하찮게 보는 그 하나는 절대 '하찮음'이라는 수식과는 어울리지 않다. 1은 '위대함의 시작'이다. 1이라는 숫자가 비록 크지는 않지만 그 1들이 모여서 큰 무언가를 만들어 낼 수 있는 힘을 가진다. 무한대라는 위대함에 다다르기 위해서는 1부터 시작하여 나머지 다른 1들이 모여 무한대를 이루어내는 것이다. 이처럼 1은 무한대가 되기 위한 기본 원소가 되는 것이다.

나의 좌우명에서 첫째, 1은 무한대가 되기 위한 충분조건이다. '나 하나쯤이야.'라는 생각은 버려야 된다는 뜻이다. 나 자신을 1로 두었을 때, 어떠한 무엇을 이루기 위해 나 자신 1은 그 무엇을 이루기 위한 가능성과 능력에 더해져 무한한 무언가를 이룰 수 있기 때문이다. 그래서 늘 나의 노력이 무한대의 힘에 더해지기 위해 노력하고, 또 다른 무한대에 더해질 1인 누군가의 힘과 협동하는 그런 삶

을 살고 싶다. 1이 무한대에 포함된다는 것은 바로 나의 노력의 필요성과 그 1들의 모임, 즉 협동성을 뜻하는 것이다.

둘째, 무한대 또한 1이 될 수 있다. 이 말은 수학적으로 맞지 않을지도 모른다. 무한대는 곧 1이다. 1은 수많은 뜻을 내포하고 있다. 1이 '한사람'일 수도 있고 또 '시작'을 의미할 수도 있다. 1은 시작이다. 늘 첫 시작은 1이고 1들이 모이고 모여 다음 숫자를 만들어 낸다. 무한대로 모인 1은 시작한다. 무한대는 곧 끝이 아니라 시작인 것이다. 사람들이 모이고 모여 힘을 합쳤을 때 우리는 무언가를 이루어낼 수 있다. 티끌모아 태산이라든지, 서로 밥 한 숟가락씩만 모으면 밥 한 그릇을 만들 수 있다든지, 이처럼 작은 1들이 모여 큰 1을 만들어내면, 그 큰 1은 누군가에게 도움이 되어 시작할 수 있도록 한다. 무한대는 누군가에게 시작이다. 여러 사람의 마음이 모였을 때 우리가 할 수 없다고 생각한 무언가를 시작할 수 있는 것이다. 그래서 무한대는 시작이고 1이다.

따라서 여기서 필요충분조건이라는 말은 둘 다 상호 연관성이 있다는 말로 해석 가능하다.

수학적 좌우명을 생각하면서 1이란 숫자가 참 대단하다는 것을 느꼈다. 생활수학시간에 좌우명에 대해 말하기를 했을 때 다른 사람들 또한 1을 좌우명으로 가진 사람이 많았는데, 왜 그 사람들이 1에 대해 생각하고 그것을 좌우명으로 삼았을지 이해가 갔다. 1은 무한대의 필요충분조건이라는 말은 나에게 큰 뜻을 안겨주었다. 1의 중요성, 즉 하나의 1인 나의 중요성을 알게 된 것이다. 그리고 1들이 모여 끝이라고 생각했던 무한대가 다시 하나의 1이 되어 시작될 수 있다는 것도 알 수 있었다. 우리는 이렇게 발전해야 한다. 이 말은 앞으로 나의 발전을 위한 좌우명이고 나를 뉘우치기 위한 좌우명도 될 것이다. 과연 내가 부끄럽지 않은 1로서 살아왔는지 하루를 1로 시작하기 위해 살아왔는지 생각하게 해주는 좌우명이다.

숫자 '1'이 갖는 의미

숫자 1은 아주 간단한 수 같지만 알고 보면 매우 신비로운 수이다. 모든 수를 나눌 수 있는 유일한 수이자 어떠한 다른 수로도 나누어지지 않는 숫자 1, 이런 특별한 수는 숫자에서 0을 제외하고는 유일하다. 그렇기 때문에 ≪기초수학≫이라는 백과사전에서는 숫자 1을 소개하는 데만 200쪽이 할애될 정도로 그 정의를 내리는 것에는 많은 어려움을 겪었다.

그리스 사람들도 숫자 1을 정의하는데 고심하다가 결국 1이라는 숫자를 수로 인정하지 않기로 했다. 왜냐하면 숫자 1은 수의 기호로 마치 양파처럼 다른 모든 수들을 그 안에 품고 있는 특이한 수이기 때문이다. 그래서 이때는 최초의 홀수가 1이 아니라 3이었다.

신비주의가 융성했던 중세 시대에 숫자 1은 조물주, 나의 1원인, 원동력들을 의미했다. 이슬람 국가에서 인간은 99까지만 세도록 규정했다. 100이란 숫자를 만드는 나머지 1은 신의 수이다. 숫자 1은 99에 대응하는 신성의 수로 이것이 더해져서 비로소 100이라는 완전무결한 수를 만든다. 그러므로 다른 수들은 완전한 숫자 1로부터 멀어지는 불완전한 수로 간주되었다. 그렇게 멀어진 최초의 수인 2는 죄악을 의미했다.

한편 숫자 1은 순서를 따질 때 첫 번째를 의미하며 이것은 더 나아가 왕이나 우두머리, 또는 아버지 등을 가리킨다. 또 모든 일의 시작이라는 의미도 가지는데, 피타고라스 학파의 영향을 받은 사상가 쾨벨은 "당신은 1이 수가 아니라 다른 모든 수를 낳은 출산자이고 시작이며 토대라는 사실을 이해하게 될 것이다"라고 말했다.

그러나 숫자 1을 양이나 크기로 따지면 아주 작다는 의미로 사용된다. "한 냥짜리 굿을 하다가 천 냥짜리 징을 깨뜨린다."라는 말에서 보여지듯 숫자 1은 '크다', '전부다'라는 개념과는 반대로 '아주 작다', '부분이다'라는 뜻을 지닌다. 그러나 '천리 길도 한 걸음부터', '첫 술에 배부르랴', '하나를 알면 열을 안다'라는 말에서는 작고 보잘것 없는 하나하나가 모여 많은 것을 이루어낸다는 의미를 지닌다.

즉, 숫자 1은 아주 작은 하나이지만 때로는 그것이 모든 것으로 가는 중요한 열쇠가 된다. 이처럼 상반된 의미를 동시에 지니는 것은 다른 숫자에서는 볼 수 없는 독특한 면이다.

그 외에 숫자 1은 '한 손뼉은 울지 못한다.'는 말처럼 고립 상태를, '한날 한시에 난 손가락도 길고 짧다', '한솥밥 먹고도 송사 간다' 등의 말에서는 동일함을, '뻐꾸기도 유월이 한 철', '메뚜기도 한 철'이라는 말에서는 한창때라는 뜻을 나타내기도 한다.

1에서 바라본 숫자 0.9

나는 숫자 0.9이다. 나는 완전수 1이 되길 원하는 숫자 0.9이다. 최고의 수 1이 되고 싶은 욕망으로 가득 차 있는 나는 지난 21년 동안 0.1을 얻기 위해 부단히 노력해 왔다. 이 세상에 1이라는 숫자로 살다간 사람들이 과연 몇 명이나 있었을까?

또한 나처럼 0.1이라는 숫자를 채우기 위해 얼마나 많은 사람들이 노력을 해왔고, 노력을 하고 있을까?

한국이라는 사회 속에서 숫자 1이 가지는 위치와 영향력은 가히 말이 필요 없다. 예를 들어, 설령 0.99999라는 사람이 아주 근소한 차이로 숫자 1이 되지 못하였다고 한들 그는 0.00001이 부족하다는 이유만으로 1이라는 사람의 그림자 속에 묻힐 수밖에 없는 것이 한국사회의 현실인 것이다. 이러한 우리 사회에서 살아감에 따라 나에게 1이라는 숫자에 대한 동경과 집착은 갈수록 커져만 갔다.

고등학교 시절 나는 내가 숫자 0.99였다고 생각했다. 나는 내 주변밖에 볼 수 없었던 어리석은 학생이었기에 나 자신을 0.01이 부족한 0.99라고 생각하였다. 최고가 멀지 않았다고 생각했다.

하지만 이러한 0.99들이 대학이라는 한 장소에 모임으로써 내가 0.9라는 사실을 깨닫게 되었다. 0.01이 아닌 0.1이라는 숫자의 부족으로, 나는 지난 대학 1년간의 시간을 숫자 1에 대한 딜레마 속에서 고민하고 갈등해야만 했다.

지난 1년을 되돌아보았을 때 단지 0.09를 얻기 위해 잃어버린 모든 것을 바라보며, 나는 또다시 1이라는 숫자에 대해 생각해 본다. 지난 20년간 나의 머릿속에 박혀 있던 숫자 1의 동경이 하루아침에 바뀌지는 않았겠지만, 나 자신이 0.99가 아니라는 사실을 알고 1년이 흐른 뒤의 나는 숫자 1을 다시금 바라보게 되었다. 나는 짧은 인생을 살아가면서 기약도 없는 완전 수 1이 되기 위해 주변의 모든 것들을 포기하면서까지 인생을 허비하고 싶지는 않다.

숫자 1을 위해서 지난 시절 포기했던 모든 것들이 내 머릿속에서 스쳐 지나간다. 물론 숫자 1을 회의적으로 볼 것만은 아니다. 하지만 지난날의 나처럼 맹목적인 숫자 1에 대한 동경은 자신을 조금씩 망가뜨려가는 존재일 것이다.

이제 숫자 0이 되고 싶다. 無를 사랑하는 숫자 0이고 싶다. 비록 아직은 0.9일지언정 0이 되고 싶다. 나이가 들고 생각과 시야가 넓어져 감에 따라 0.9라는 숫자들을 조금씩 떨쳐버리고 싶다. 그것이 10년이 될지, 20년이 될지 어쩌면 평생이 걸릴지도 모르는 일이겠지만 0을 사랑하고 닮아가고 싶다.

1을 쫓는 사람들의 뒷모습은 무수한 회의와 고민들로 가득차 있다. 어쩌면 그들은 그 끝이 아무 것도 없다는 것을 언젠가는 깨달을 것이다. 아니면 깨닫고 있다 하더라도 1이라는 숫자가 가지는 끝없는 매력에서 벗어나지 못하고 뒤쫓고 있는 것일지도 모른다.

하나(one)

〈하나〉는 모든 기수(基數)의 시작이다. 이것이 없다면 둘, 셋, 넷에서 무한대로 이어지는 숫자란 있을 수 없다.

〈하나〉는 시작이나 낱낱을 말하지만 집합적으로 전부다. "도는 하나를 낳고, 하나는 둘을 낳고, 둘은 셋을 낳고, 셋은 만물을 낳는다(道生一 一生二 二生三 三生萬物: 노자)"는 것이 동양의 오랜 관념이다. 실제로 씨앗 한 개를 심으면 반드시 떡잎은 두 쪽 나오기에 둘을 낳는다는 개념이 생기게 되었다. 그러나 보잘 것 없어 보이는 떡잎 두 쪽은 생명의 무궁한 능력에 따라 아름드리 나무로 확장되기도 한다. 결국 허다한 생명들은 그것의 크기나 다수에 관계없이 모두 〈하나〉의 확장인 셈이 되고, 그 확장과 집합은 다시 한 생명인 씨앗으로 응집된다. 〈하나〉의 씨앗에는 뿌리와 줄기와 잎사귀와 꽃이 다 담겨 있다. 또 천 개의 강물에 달이 새겨졌다는 월인천강의 기막히게 아름다운 묘사도 밤하늘에 붙박힌 〈하나〉의 달에서 비롯되었다.

〈하나〉는 하나, 크다, 바르다, 높다, 같다 등의 뜻을 나타내면서 한 아름, 한낮, 한 개, 한 사람, 한마음, 한 마리, 한집안, 한길, 한가운데, 한여름 등으로 다양하게 쓰인다.

〈하나〉는 단순하다. 그래서 종종 무시되고, 홀대받기 십상이다. 실제로 한 남편만 아는 여자는 사랑스럽고, 순수하며, 진실하다. 생김새로 말하고자 함이 아니라 자질구레한 것들을 덧붙여 복잡해진 세상을 향해 오롯한 마음을 갖는 자체가 아름다움이라는 것이다. 그러므로 한마음으로 살아가는 인생은 어떤 형편에서든지 간결하고, 뚜렷하고 당당하다. 옛 선비들은 연꽃을 심히 사랑했고 틈나는 대로 예찬을 아끼지 않았다. 흐르지 못해 괴인 물에 온갖 가라앉아 있는 더러워진 진흙 구렁에서도 잔가지 하나 없이 쑤욱 빼어 나오는 연꽃의 속성 때문일 것이다. 내가 살아가면서 느끼게 되는 것을 1과 관련지어 표현하면

$$\sum_{n=1}^{\infty} n < 1 \quad , \quad n = \text{세상 가치들}$$

이라는 식이 되는데 그 이유는 세상의 모든 가치들을 더해도 결국은 그 하나의 가치가 더 중요하다는 의미에서 이러한 수식으로 표현했다.

숫자 '1'이 생활 속에서 가지는 의미는 무엇일까?

일반적으로 숫자 1은 하나를 의미한다. 없는 것도 아니고 많은 것도 아닌 유일무이한 것이다. 그러나 그런 1의 의미와는 다른 색다른 1의 의미를 생활 속에서 찾는다면 어떤 것이 있을까. 나는 '1'이라는 숫자를 보고 '출발'이라는 의미를 부여하고 싶다. '0'이라는 숫자는 아무것도 없는 것을 나타낸다. 때때로 사람들이 가장 소중한 사람을 휴대폰 단축번호 '0'으로 저장해 놓는 것처럼 첫 번째보다 더 중요한 0번째라는 의미를 부여하기도 하지만 나는 '無'를 뜻하는 것으로 의미를 부여했다. 그렇다면 그 다음 숫자인 1은 無에서 有를 창조하는 숫자의 의미를 담고 있게 되는 것이다. 세상 모든 것들을 이해하는 출발점이고 기초를 의미하기도 한다. 무슨 일이든지 출발이 가장 중요하다고 생각하고 있기 때문에 1이라는 숫자를 보면 기분이 좋아진다. 새롭게 출발한다는 것의 기쁨은 이루 말할 수 없기 때문이다.

'1'이 생활 속에서 가지는 또 다른 의미는 모두로서의 '하나'이다.

가정에서든 학교에서든 더 나아가 한 사회, 한 나라, 그리고 전 세계적으로 우리는 혼자 살 수 없다. 가족과 함께 친구와 함께 확대해 나가자면 전 인류적으로 서로 미세하게라도 영향을 미치며 살아간다. 정보화 시대가 되면서 더욱더 국경의 의미가 없어지고 있다. 이렇게 연결고리를 가지고 있는 인류가 개개별로 다른 모습으로 각자의 눈으로만 이 세상을 보고 살아가는 것이 아니라 하나된 눈과 마음으로 세상을 바라보고 인류를 위한다면 서로가 반목하는 일이나 전쟁을 하는 일 없이 평화롭게 살아 갈 수 있을 것이다. 그래서 나는 숫자 1에 단순히 수 개념의 하나가 아닌, 전 인류가 함께 하나 되는 세상에서 연대의식을 가지고 살아갈 수 있는 '하나'라는 공동체적 의미로 이해하고 싶다. 그리고 새로운 출발을 의미하는 숫자로, 그 출발을 통해 많은 것을 이루고 난 뒤 'first'의 최고가 되는 기초부터 마무리까지 기분 좋은 1에 이런 많은 의미를 부여하고 싶다.

'1'을 지향하는 삶을 살자.
(= 항상 실수하지 않게 조심하며, 매사에 최선을 다하자.)

0.999999…… =1
Nothing Is Impossible(불가능한 것은 없다)

Ⅰ.

사람들은 어떠한 일들을 하다가 난관에 부딪치게 되면 그것을 극복할 생각보다는 바로 불가능한 일로 단정 짓고 바로 포기해 버린다. 심지어 어떤 사람들은 일을 미처 시작해보기도 전에 불가능하다고 말하고 시도조차 하지 않는다. 그러나 나는 이 세상에 불가능이라는 것은 없다고 생각한다. 어떠한 일이든지 그것을 가능하게 만들고자 노력하고 또 이루고자 노력하면 끝내는 이루어낼 수 있다고 확신하고 있다. 가령 어떤 일에 도전해서 실패했다고 하자. 그러나 나는 이 일이 절대로 불가능하다고 생각하지 않는다. 불가능한 것이 아니라 반드시 계속 도전하고 노력하면 가능하게 만들 수 있다고 확신하기 때문이다.

일반적으로 겉으로 보기에 0.9999…에서 9가 한없이 이어지면 그것이 1이 될 수 없을 것이라고 생각하기 쉽다. 아무리 9가 반복되어도 그것은 단지 0.999…일뿐 1까지는 갈 수 없다는 게 일반적인 생각이다. 그러나 수학에서 9가 무한하게 계속적으로 반복되면 결국은 1이 된다. 이를 인생에 적용시킨다면, 성공이라는 완전한 결정체를 이루어내기 위해서 끊임없이 노력하고 또 성공의 어머니라 불리는 실패의 반복을 통해서 더욱 더 성숙하고, 또 성숙한 자신을 바탕으로 더욱 성공에 가까이 가고 결국은 성공을 이루어낼 수 있는 것과 마찬가지인 것이다. 절대로 어떤 일을 할 때 그것이 불가능하다고 생각해서는 안 된다. 그것이 불가능하다고 생각하는 순간 그 일은 더 이상 가능한 것에서 멀어지고 만다. 성공을 하기 위해서 계속적으로 노력하고 또 그 노력들이 반복되면 결국은 '1'과 같은 성공의 결정체를 이루어낼 수 있음을 항상 마음속에 새기고, 가능하다는 긍정적인 마음가짐을 가진다면 결국은 자신이 하는 모든 일들을 가능하게 만들 수 있음을 확인하게 될 것이다.

Ⅱ.

언뜻 보아서는 쉽게 이해가 가지 않지만 0.99999…=1이다. 이것이 나의 수학적 좌우명이다.

1이란 완전함을 뜻한다. 0.99999…는 1이라는 완전함에 도달하기 위한 불완전한 우리 인간의 노력이라 생각한다. 우리가 끊임없이 노력하여도 그것은 결코 완전하지 않은 것처럼 보인다. 그저 그 완전함에 가까워지는 것에 불과할 뿐, 결코 완전하게 된다고 생각하지는 않는다. 그러나 이러한 상황에서도 무한한 노력과 무한하게 완전에 가까워지는 것은 결국 우리를 완전으로 이끌 것이다. 언제나 노력하는 자세로 끊임없이 노력하여야 하는 것이 중요하다는 것을 이 사실을 통하여 다짐하게 되었다.

Ⅲ.

나는 '0.999999……'이다. 무한소수인 0.999999……는 언제나 부족한 수이다. 나는 항상 부족하다. 그렇기에 발전의 가능성도 있다. 1, 즉 완전한 하나의 나 자신이 되기에는 정확하게 얼마라고 측정하기 힘든 어떤 수가 필요하다. 그것은 주위 사람과의 상호작용이 될 수 있고 발전할 수 있다는 작은 가능성일 수도 있다. 20년 동안 길다면 길지만 짧다면 짧은 삶을 살면서, 과연 나는 '나'로 있을 수 있었을까? 이만큼의 나를 만들어 온 것은 어떤 방향이었든지 주위의 시선과 관심 그리고 도움이었을 것이다. 그것은 지금도 진행중이다. 어떤 방향이든 간에 주위 사람들이 내게 보여주는 아주 작은 관심은 지금도 나를 변화시키고 있다. 그들의 격려로 힘을 얻고 그들의 충고로 궤도를 수정하는 것이다. 또한 나에게 부족한 0.00…01은 나에게 발전의 가능성을 열어준다. 무언가 부족하기 때문에 그것을 메우기 위해 노력할 수 있다. 하지만 밑빠진 독처럼 부족한 것은 아무리 매진해도 채워지지 않는다. 가도 가도 9만 나오는 '0.999999…'처럼 나는 아무리 노력해도 1이 될 수 없다.

하지만 그렇기에 지금도 나는 누군가에게 감사할 수 있고 '열정'이라는 것을 가질 수 있는 것이다. 오늘도 부족한 무언가를 채우기 위해 노력하고 있다.

Ⅳ.

나의 삶을 수학적으로 표현하면 $\sum_{k=1}^{\infty} 1^k$이다. 그 뜻을 풀이해 보면 다음과 같다.

$$\sum_{k=1}^{\infty} 1^k = 1+1+1+1+1+\cdots = \infty$$

이 식에서 1은 '작은 노력의 각각'을 의미하고, ∞는 '큰 결과, 큰 사람'을 의미한다. 자세히 보면 1이라는 작은 수가 무한히 더해져서 매우 큰 수인 ∞가 되는 것처럼, 작은 노력에서부터 시작하지만 꾸준히 노력하여 큰 결과를 만드는 사람이 되고 싶다는 의미이다.

Ⅴ.

$$1 \times 1 \times 1 \times \cdots 1 = 1 \qquad \text{곧,} \quad 1^n = 1$$

이라고 표현하고 싶다.

여기서 n은 1~∞까지의 범위를 가지고 있다. 내가 인생을 이렇게 표현한 이유는 우선 위의 식에서 첫 번째 1은 나 자신을 의미한다. 사람은 누구나 처음 태어날 때 빈 몸으로 태어난다. 그러한 자기 자신을 처음의 1이라고 봤을 때 무한대로 곱해지는 각각의 1들은 사람이 인생을 살아가면서 얻게 되는 재산이나 명예, 친구 그리고 살아가면서 필요한 여러 가지 지식과 주위 사람들과의 관계 등을 의미한다. 그리고 살아가면서 겪게 되는 아픔이나 시련 같은 것도 포함될 것이다. 이렇듯 사람은 아무것도 가진 것 없는 상태로 태어나 살아가면서 자기에게 필요한 여러 가지 것들을 보충하여 얻게 되고, 시련을 겪으면서 한층 성숙해지거나 그로 인한 깨달음을 얻게 된다. 즉, 살아가면서 인간은 미숙한 자신의 존재 자체를 조금씩 완성시켜 나가는 것이다.

사람은 살아가면서 다른 많은 사람들 속에서 다양한 관계를 맺으며 살아간다. 하지만 결국 최종적으로 자신의 삶은 자기 스스로가 선택하고 헤쳐 나가야 하며, 그에 따른 모든 책임도 자신이 져야한다. 아무도 나를 위해 대신 살아주지 않고, 아무리 사랑하는 사람일지라도 대신 죽음을 맞이해줄 수는 없는 것이다. 이처럼 인간은 모두 독립적인 존재이다. 또한 앞서 말했듯이, 인간은 삶을 살아가는 과정에서 많은 것들을 얻지만 그 모든 것들도 인간의 마지막 순간에는 나란 사람 자체만이 남을 뿐이다. 이처럼 인간은 살아가면서 많은 것을 얻는 것 같지만 마지막 순간에는 결국 혼자이다.

또 다른 면에서 본다면 인간이 살아가면서 얻은 것들은 나와 별개가 아니라 결국 '나'란 사람을 완성시키는 나의 일부분으로서 결국에는 그러한 모든 것들이 조금씩 채워져 '나'라는 한 사람이 완성되는 것이다.

이러한 이유로 나는 나의 인생을 $1 \times 1 \times 1 \times \cdots 1 = 1$ 곧, $1^n = 1$ 이라고 표현하고 싶다.

'1'이란 무엇인가?

'1'은 시작이라는 의미에서 먼저 알아볼 수 있겠다. 개수를 셀 때 '1'은 첫 번째를 의미하여 가장 중요한 역할을 담당하는 것이다. '천리 길도 한 걸음부터'라는 말이 있다. 작은 하나하나가 모여 많은 것을 이루어낸다는 의미이다. 또 '시작이 반'이라는 말이 있다. 첫 번째 발을 내딛는다면 그 뒤는 차례차례 이루어진다는 뜻이다. 즉, '1'은 수적으로나 양적으로나 아주 작지만 때로는 그것이 모든 것으로 가는 중요한 길이 된다.

'1'은 모든 수의 기준이 된다. 모든 수의 '1' 제곱은 모두 그 자신이 나오고 또 0을 제외한 모든 수의 '0'제곱은 '1'이 나온다. 또, '1'은 아무리 제곱해도 자기 자신이 나온다. '1'을 반복해서 더하면 수는 무한대까지 커지기도 하고 모든 수를 '1'로 나누면 자기 자신이 나오고 '1'을 곱하면 그래도 자기 자신이다. 이러한 점에서 '1'은 수가 아니라 다른 모든 수를 낳은 수이고 시작이며 토대라는 말이 된다.

우리나라 인간이념에 있어서 '1'은 삶의 존엄성을 가진 홍익인간으로 공통적인 1이며, 이 1을 근간으로 저마다의 삶을 꽃피우고 인정하고 어우러져 제대로 저마다가 사는 것이 된다. 내가 인정받기 위해서 먼저 남을 인정해야 하는 것처럼 말이다.

나의 삶은 $\sum_{n=1}^{\infty} 0.1^n \times 9$ 이다.

이것의 답은 0.99999…. 이렇게 1에 한없이 수렴하는 값이 나오는데 여기서 중요한 것은 시그마라는 기호이다. 1이라는 수는 0과 1을 100이라는 일직선으로 보았을 때 가장 완벽한 숫자이다. 위와 같이 시그마 기호를 이용하면

$$0.9+0.09+0.009+0.0009 \cdots$$

이렇듯 무한한 1이라는 숫자에 가까워진다는 것을 표현할 수 있다. 인간은 신이 아니기에 완벽할 수 없지만, 나는 현실에 안주하지 않고 항상 도전하며 나의 부족한 점을 채워나가는 여정을 살아가고 있다. 이러한 삶을 위해서 관심이 없는 분야나 혹은 내가 잘하지 못하는 부분을 위해서 끊임없이 노력하고 있다. 그 대표적인 예로, 춤을 배우기 위해서 댄스학원을 다닌 적도 있고, 지금은 나의 부족한 음악성을 보안하기 위해서 기타를 열심히 배우고 있다. 또한 나의

부족한 태도나 성격을 보안하기 위해서 주위 사람들과의 대화에 항상 귀를 기울이고 있다.

이러한 과정이 나의 삶의 중요한 부분이며, 그것이 나의 삶의 방향이기에 시그마라는 수학기호를 통해서 표현한 것이다.

숫자로 쓰는 시

0은 공백이다
0은 동그라미이고
동그라미는
생명을 품은 알이다

알에서 나온 1은 시작이다
일은 곧은 직선이다
생각하지 않고
움직이지 않고
늘 같은 자리에 머물러 있다
정적이지만 시작을 의미한다
그래서 하나를 알면 하늘을 알 수 있다

2는 발전이다
밑줄과 곡선으로 이루어졌다
새로운 형태이고 발전이다
둘을 알면 하늘과 땅을 알 수 있다

3은 연결이다
끊은 줄이 없다
똑같은 것을 반복하여 연결한다
셋을 알면 하늘과 땅과 나를 안다
그리고 이 셋을 연결한다
그럼 셋을 아는 사람은 삶을 안다는 것일까?
아직도 나는 하늘 아래 땅 위에서 나를 찾고 있는데…

002
0과 관련된 단상들

나는 '0'에 가장 잘 어울리는 사람이다

나를 숫자로 표현하고자 한다면 숫자 '0'에 가장 잘 어울리는 사람이다. '0'은 아무것도 없다는 의미이다. 왜냐하면 숫자 0은 빈자리를 채우기 위해 만들어졌기 때문이다. 숫자 '0'처럼 별반 눈에 뛰지 않는다. 즉 빈자리를 채우기 위해 있는 사람과도 같다. 숫자 '0'이 앞에 나오지 않듯이 나 또한 앞에 나서지 않고 뒤에서 도와주는 조력자의 역할을 한다. 그렇다고 해서 '0'을 무시할 수만은 없다. '0'이 없으면 큰 수를 나타내기가 어려울 뿐만 아니라 숫자의 단위를 나타내기가 어려워진다. 반면 '0'을 사용하면 수를 쓰거나 수를 읽거나 계산하거나 식을 세우는 등 여러 면으로 확실히 간편하다. 그렇기 때문에 나도 특별한 장기가 없다고 해서 무시할 수만은 없다. 왜냐하면 내가 특별한 장기는 없더라도 어떤 도움이 될지도 모르기 때문이다.

그리고 나와 같은 성향의 사람들, 즉 숫자 '0' 타입의 사람들은 여럿이 모여도 $0+0=0$, $0\times a=0$인 것처럼 별로 나아지지 않는다. 하지만 '0'이 1부터 9까지의 자연수와 만나게 되면 굉장히 큰 수를 만드는 수가 있다. 따라서 잘 이끌어 주는 리더를 만나게 되면 굉장히 큰 힘을 발휘할 수 있다. 즉 나의 능력을 알아보고 제대로 활용할 수 있는 사람이 생긴다면 새로운 힘을 발휘할 수 있을 것이다. 숫자의 특성을 잘 생각해보면 숫자로 나를 표현한다는 것이 그리 어렵지 만은 않다. 평소에는 그다지 고민해보지 않았던 물음이라서 이러한 물음을 한다는 것 자체가 어색했지만 이처럼 숫자의 특성으로도 사람의 성향을 충분히 나타낼 수가 있는 것을 보고 신기하고 이런 것이 수학적이라고 여기지 않을 수도 있지만 넓은 의미에서 수학적 사고이고 흥미로운 발상인 것 같다. 앞으로도 종종 이런 물음에 고민해볼 수 있는 시간을 가졌으면 좋겠다.

나는 나 자신을 숫자 0으로 표현하고 싶다

첫 번째 이유는 내 이름 끝자가 비출 영(暎)자라 어렸을 때 주위 어른들이 나를 '영아'라고 불러서 숫자 0을 말할 때는 나를 부르는 것처럼 친숙하게 들린다.

두 번째 이유로는 타 대학을 졸업하고, 얼마간의 사회생활을 거쳐서 다시 교육대학으로 입학해서 대학 1학년이 되었다. 내가 생각하기에 우리는 고등학교 때까지는 누구나 비슷하게 살아오다가 인생이 달라지기 시작하는 시점이 바로 대학부터인 것 같다. 나는 그 시작점, 즉 좌표평면의 원점 (0, 0)으로 다시 돌아왔기에 나를 숫자 0으로 표현할 수 있다고 본다.

세 번째 이유로는 좀 우울한 표현이지만 내가 지금 0의 상태에 있기 때문이다. 나는 지금 경제적 여유도 없고 아직 소중한 사람도 만나지 못한, 즉 가진 것이 거의 없는 제로의 상태에 가깝다. 임의의 수 $X+0=X$ 이다. 즉 어떤 수 X에 0은 더해져봤자 그대로 어떤 수 X이듯이 지금 나의 존재는 있어도 누군가에게 특별한 뭔가가 되지 못하는 상태이다.

네 번째 이유로는 0의 특성 때문이다. 0은 분모가 될 수 없다. 즉 어떤 수도 0으로 나눌 수는 없다. 이처럼 어떤 사람들이 나로 인해 나누어지고 쪼개져서 편 가르기를 하지 말았으면 하는 바람이 있기 때문이다. 나는 분열되었던 사람들이 서로 화해하고 또 몰랐던 사람들이 새로운 만남을 갖게 되는 매개체가 되고 싶기에 절대 다른 수를 나누지 못하는 0이 되고 싶다.

다섯 번째 이유는 $0\times X=0$이기 때문이다. 세월이 흐르고 사회생활을 오래 하다보면 사람들은 변한다. 나도 나 자신도 모르게 변하고 있을 것이다. 하지만 내가 어렸을 때 내가 그렸었던 성인으로서의 나의 모습, 다시 대학에 입학하면서 했던 다짐들, 또 하루하루 살아가면서 하게 되는 다짐들을 잊지 않으려고 노력하는 사람이 되고 싶다. 또한 지금 내가 교사가 되었을 때 되고 싶은 교사로서의 나의 모습을 정말 교사가 되었을 때 절대 잊지 않는 처음의 모습을 간직하는 그런 사람이 되고 싶기에 임의의 수 X를 곱해도, 즉 시간이 더해지거나 어떤 상황이 닥쳐도 언제나 처음 수 0의 모습을 간직하는 사람이 되고 싶다.

1에 0을 붙이면 10이 되고 10에 0을 붙이면 100이 된다. 어떤 수에 0이라는 숫자를 더하면 얼마든지 무한히 큰 수가 될 수 있다. 앞의 수를 미래에 내가 교육현장에서 만나게 될 아이들의 재능이라 할 때 0의 모습을 가진 나라는 교사를 거치면서 아이들의 재능과 마음이 무한히 커지게 할 수 있는 그런 교사가 되고 싶기에 나를 숫자 0으로 표현하였다.

마지막으로 노자는 도를 일러 "텅 빔(0)과 같으니 써도 써도 마르지 않는 무변광대한 우주와 같다"라고 했다. 0은 도를 나타내는 숫자이다. 자연스러움(Let it be)을 최고의 덕으로 추구하였던 노자와 같이 인위적으로 아이들을 변화시키려하기보다 옆에서 끝까지 지켜보며 아이들 스스로 깨우치고 나아갈 수 있도록 격려하는 교사가 되고 싶다.

또 다른 숫자 '0'의 의미

Ⅰ. 비존재, 무(無), 무한정한 것, 영원한 것, 질이나 양을 초월한 것

비어 있는 원으로 묘사된 0은 죽음의 공허함과 원에 포함된 생명의 전체성을 동시에 나타내며 원과 동일한 상징적 의미를 가진다. 1에 앞서 나온다는 점에서 공(空), 비존재, 사념, 궁극적 신비, 불가해한 '절대'의 뜻을 갖고 있다.

수직선

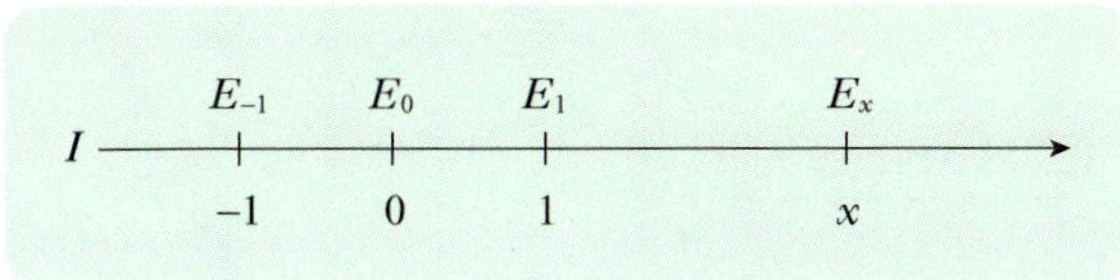

Ⅱ.

우선 수직선의 관계에서 볼 수 있는 숫자 '0'은 음수와 양수를 존재하게 하는 기준점이 된다고 할 수 있다. 양수 + 가 가지는 의미를 좋은 일이나 나에게 의미있고 행복했던 시간으로 본다면, 음수인 − 는 나쁜 일이나 힘들었던 시간들을 의미한다고 볼 수 있다. 인생은 + 와 − 가 적절히 교대되며 나타나는 굴곡의 연속이지만 그 어떤 무언가에 치우치기보다는 스스로에게 채찍질이 되기도 하고 약이 되어주기도 하는 양과 음의 조화로움이 중요하다.

또한 사회적 관계에서 숫자 '0'은 삶에 있어 무한한 가능성을 내포하고 있음을 나타내주기도 한다. 우리 사회는 1등과 2등, 1인자와 2인자 등과 같이 수로 표현되어지는 지위와 위치가 많이 존재한다. 하지만 아직까지 나에게는 삶의 지표가 될 만한 수의 지위를 가지고 있지는 않다고 생각한다. 현재의 위치를 0으로 본다면 앞으로 내가 원하는 삶의 목표 숫자를 기록하기 위해 무한한 발전의 가능성을 가지고 준비하는 단계에 있다고 표현하고 싶다.

모든 숫자의 기준점이 되는 숫자 '0'의 의미성은 중립의 태도가 무엇보다도 중시되는 교사로서의 역할에 의미있는 기준점이 될 것이라고 생각한다.

9에서 0으로

현재의 나는 아홉 구, 9, 九 → 0, 영

거의 모든 걸 가졌으면서도
모자라는 하나 때문에 불행해 하고 쫓기며
행복을 미루며 사는 모습

알면서도 만족이 되지 않는
한심한 人間

하나씩 하나씩 내려놓으면서
내 마음의 안정과 더불어
주변 사람들에게
여유있는 미소의 행복감을 퍼뜨릴 수 있었으면

그래서 앞으로의
내 모습은 0, zero

그저 다른 이들 곁에
서있기만 해도
그와 내가 고무되고
10배, 100배 행복해지며
다른 이와 내가 가진 능력이 배가 되는 人間
그런 삶을 꿈꾸며 산다.

0으로써 살아가는 지혜를 배우고 싶다

욕심이 많아지는 세상이다
자신을 드러내라고 외치는 세상이다
내성적인 성격이 큰 단점이 되는 세상이다

나는 0이다
아니, 실은 0이 되고 싶어 하는 존재이다

0은 공기와도 같다. 우리는 살아가면서 공기의 존재는 알고는 있지만 눈으로 보고 코로 냄새를 맡고 손으로 만질 수는 없다. 그래서 알고는 있으되 늘상 잊고 지내게 된다. 사람 사이에서 살아가는데 있어 누군가가 자신의 존재를 느끼고 있다는 것은 내가 살아있다는 하나의 증거다. 어떤 이는 이렇게 말할지도 모른다. '자신의 존재 자체는 다른 누구도 아닌 스스로에 의해서 느껴져야 한다.'고 말이다. 맞는 말이다. 하지만 그럴 수 있을 정도의 강한 인간은 그리 많지 않다. 대다수의 약한 인간인 우리는 자신을 알아주는 그 누군가의 존재 없이는 살아갈 수 없다.

그래서 나는 0이 되고 싶은 것이다. 누군가가 나의 존재를 느끼지 못하더라도, 아니 '나'라는 인물에 대해 그다지 관심을 가져주지 않더라도 나는 존재하고 이렇게 이 자리에 서 있으니 그것으로 된 것 아닌가? 비록 사람들 사이에서의 존재감은 약하여 있어도 없는 듯, 없어도 있는 듯 그렇게 보일지라도 실은 그 정도로 주위 사람을 편하게 해주고 자신을 숙여가면서 다른 이를 돌봐줄 수 있는 그런 사람이고 싶다.

0은 있으되 없고, 없되 있다. 그러므로 0은 완전한 수이다. 있으되 없고 없되 있을 수 있는, 즉 있고 없음의 모순되는 관계를 초월한 수이다. 0은 어느 곳에서도 막힘이 없이 물 흐르듯 장애없이 서있을 수 있다. 어떤 곳에서든 자신을 내세우려 하지 않고 그 주변을 받아 포용할 줄 아는 수이다. $0+X=X$ 이듯이….

0이란 숫자를 쓰는데 있어 그 시작과 끝이 같다. 0을 제외한 어떤 수가 그 시작과 끝이 같은가? 시작으로 돌아온다는 것을 자신의 기본으로 본성으로 돌아온다는 뜻으로 이해한다면, 0은 어떤 식으로 살든지 간에 결국은 자신의 본연으로 돌아가게 됨을 깨우쳐주는 수이다. 흙에서 태어나 흙으로 돌아가는 사람의 일생은 그 시작과 끝이 같다. 0은 그것을 가르쳐 줄 수 있는 수이다. 빈손으로 왔다가 빈손으로 가는 세상, 무엇에 그리 집착하고 안달하느냐고 말하며 無所有를 이야기한다. 그래서 욕심과 허세를 부리지 않고, 남보다 앞서서 안달하지 않는 0이고 싶다. 0으로써 살아가는 지혜를 배우고 싶다. 1로서가 아닌, 0으로서.

0과 100의 삶에 대한 대조

아마 '0'이 아닐까 한다.

0은 무(無)를 의미한다. 난 이것을 소유의 관점에서 생각해 보았다. 내가 아무 것도 가지지 않았기 때문에 다른 사람들이 주는 사랑, 다른 사람들의 생각을 받아들일 수 있는 것이고 또 내가 받은 것들을 나눠줄 수도 있다. 아무 것도 가진 것이 없기 때문에 나 자신의 연약함을 인정하며 다른 사람들과 함께 살아가며 서로 도움을 주고받으며 살아가는 법을 배우게 된다.

0은 100과 반대의 의미를 지닌다. 100이 꽉찬 것, 풍족한 것을 의미한다면 0은 아무 것도 없는 것을 의미한다. 시험에서 100점을 맞았을 때나 돈 100만 원이 생겼을 때 기분은 좋지만 0점 맞고 돈도 하

나도 없을 때의 기분은 좋지 않다. 하지만 거꾸로 생각해 보면 0이 없다면 100이란 숫자도 큰 의미가 없는 것이다. 시험에서 100점을 맞아도 만점이 500점이라면 결코 잘한 것이 아니다. 100점이 기분이 좋을 때는 틀린 문제가 0개일 때를 말하는 것이다. 또한 100만 원이 생겼을 때 잃은 돈이 0원일 때 정말로 좋은 것이 된다. 이렇게 0은 사람들이 100이란 숫자를 좋아할 때 0은 그 뒤에서 100의 의미를 확실하게 해준다.

또한 0은 무한한 가능성을 지닌 숫자이다. 0이 먼저 나서서 다른 숫자들 앞에 있기를 원한다면 그 수는 점점 작아질 수밖에 없지만 (예; 0.1, 0.01, 0.0001, 0.00000000000001 …) 다른 숫자를 뒤에서 조용히 섬기며 겸손할 때는 그 수는 점점 커진다.

아무런 크기도 가질 수 없지만 그렇다고 0을 무시할 수는 없다. 999999999999란 숫자도 0과 곱하게 되면 결국 0이 되고 말기 때문이다. 순도 100%라는 말에서 의미하는 것은 불순물이 전혀 섞이지 않았다는 것이다. 이처럼 0은 티없이 맑고 순수한 것을 나타내기도 한다. 겸손하여 다른 사람들을 세워줄 수 있고 사람들과 마음을 주고받을 수 있으며, 깨끗한 수 '0'이야말로 내가 만들어가고 있는 나의 모습이다.

0으로 살자

Ⅰ. 자기 자신을 사랑하는 사람이 되자.

나의 좌우명을 '자기 자신을 사랑하는 사람이 되자'이다. 스스로를 사랑할 수 없으면 다른 무엇도 사랑할 수 없기 때문이다. 스스로를 사랑하는 숫자는 0이다. 어떤 수에 0을 곱하든 그 결과는 0이다. 이것은 다른 수를 무시하는 것이 아닌 다른 수와 곱해도 스스로를 나타내고 자신의 모습을 드러낼 수 있다는 것이다. 이것을 스스로를 사랑하는 모습이라 볼 수 있지 않는가 말이다. 또 어떤 수 X에 0을 더하거나 빼도 그 결과는 X이다. 이것은 0이 자신을 사랑하기 때문에 다른 수도 사랑하는 모습이다. 그 수 자체를 존중하며 드러내 주는 것으로 생각한다. 자신은 드러내지 않고 묵묵히 자신만의 도리를 할 뿐이다. 따라서 나 자신도 0처럼 나를 사랑하고 그 마음으로 나중에 세상에 나아갔을 때 모든 사람들을 사랑하고 존중할 줄 아는 성인으로 거듭날 것이다.

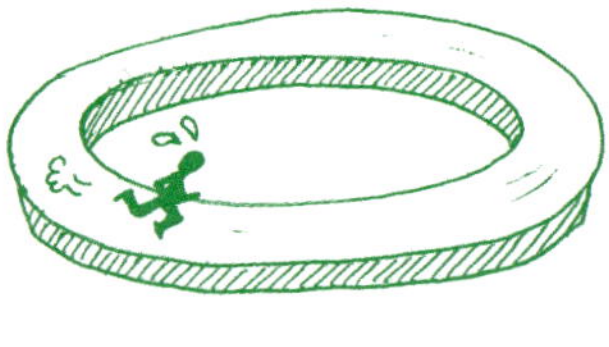

Ⅱ.

0은 빈 곳을 채우는 숫자로 사용되었다는데 사람의 살아감은 빈 것과 마찬가지라는 생각이 든다. 사람은 태어나서 결국은 죽음에 이르기까지 삶 자체가 빈 허공과 같다. 『꽃들에게 희망』이라는 책에 나오는 이야기처럼 꼭대기에 무엇이 있을까? 정상을 위해 끊임없이 질주하다보면 마지막 정상에는 빈 허공이 존재할 뿐이다.

나는 기준점에서 살고 싶다. 살아감에도 중도의 길을 걸으면서 평범하게 살고 싶다. 중용의 의미처럼 한쪽에 치우치지 않고 살아가고 싶다.

0이란 참 묘한 숫자인 것 같다. 단지 빈 곳에 채우기보다 채워도 채워지지 않는 숫자라는 생각이 든다. 그리고 동그라미의 시작점에서 시작해서 돌다보면 처음의 자기자리로 돌아오게 된다. 그것처럼 나 자신이 어떤 일에서 벗어난 행동을 해도 시행착오의 그 과정을 거쳐서 결국에는 내가 원하는 처음의 마음으로 돌아오리라 다짐하며 살아가고 싶다. 고인 물은 썩지만 나의 위치에서 항상 모습을 쇄신하되, 나의 진정한 모습을 잃지 않는 사람으로 살아가리라.

Ⅲ.

모가 나서 찔러버릴 것만 같은 상황을 0이라는 숫자처럼 둥글둥글하게 순화할 수 있는 생각과 오직 나 자신만이 제어할 수 있는 건강한 신체 1이라는 숫자를 가지고 있다. 세상에는 너무나 많은 숫자를 가져서(여기서 숫자라고 표현한 것은 수려한 외모, 재산 등등 사회적으로 모든 사람들이 가지고 싶어 하는 것들을 숫자로 생각하여 표현한 것) 여기저기에 온통 수의 불규칙적인 배열로 가득한 사람이 있다. 대부분의 사람들은 이런 사람들을 단지 밖으로 보이는 외적인 것들 때문에 부러워하고 상대적으로 박탈감을 느끼는 사람들이 있을지 모른다. 예전의 나도 이런 사람들과 나를 비교하여 더더욱 나를 초라하게 생각한 적이 여러 번 있었다. 그러나 지금은 그렇지 않다. 오히려 가진 것이 적기 때문에 지금은 더 행복하다는 생각이 든다. 왜냐하면 0과 1만의 규칙만으로도 어떤 규칙이든 적용할 수 있는 컴퓨터처럼 나는 0과 1이라는 숫자를 가졌기 때문에 많은 숫자를 가진 사람들보다 어떤 규칙에도 적용하고 적응할 수 있을 것이라는 생각 때문이다. 가진 것이 적기에 주위에 행복을 찾는 일이 더 쉬울지 모른다. 지금부터라도 나는 이 두 숫자를 가지고 앞으로 나에게 있는 진실된 모습을 찾아가고 싶다.

'0'이라는 수는 참 특이한 수이다

Ⅰ.

아무것도 없는 것을 의미하지만 '0'이라고 표시한 '0'이라는 기호는 존재한다. 마치 모순된 느낌이다. 우리의 인생은 바로 이 '0'에 비유할 수 있다. 우리는 빈손으로 태어나서 빈손으로 생을 마친다. 기독교에서는 인간은 흙에서 태어나 죽어서 흙이 된다고 한다. 비록 사는 동안에는 아둥바둥거리며 무엇인가를 이루어내고 또 남기지만 결과적으로 우리 자신은 '0'이다. 이렇게 보면 우리의 삶이 너무 허무하게 느껴지기도 한다. 사실 그런지도 모른다.

갑자기 나 자신의 의미에 대해 생각해 보다가 나는 누구에게도 필요치 않는 사람이라고 느껴질 때 마치 '0'의 존재가 된 느낌이다.

Ⅱ.

'0'은 아무것도 없는 것을 나타낸다. 어떻게 보면 '0'의 역할은 매우 중요하고 다양하지만 그 중요성은 간과하기 쉽다. 그러나 '0'의 발견은 중요하고 획기적인 사건이었다. 그만큼 '0'이란 숫자는 어떤 숫자보다 중요하다고 볼 수 있다.

'0'은 남는 것과 모자라는 것 그리고 양수와 음수의 기준이 되는 기준수이다. 또한 위치적 기수법에서 자리수의 역할을 한다. 이렇게 '0'은 우리가 쉽게 간과할 수 있지만 어느 다른 숫자보다 중요한 기능을 갖고 있다. 나 역시 어떤 조직에서 드러나지 않지만 없어서는 안 되는 구성원으로서 역할을 수행하려고 한다. 항상 겸손한 자세로 남에게 보이기 위한 또는 어떤 보상을 위한 것이 아니라 진정 남을 위해 노력하는 한 사회의 일원이 되도록 노력하고 싶다.

Ⅲ.

0/0 : 나는 가진 것도 특별히 없다. 남에게 자랑하거나 내세울 것도 그리 많지 않다. 이러한 이유로 나를 0으로 생각해 본다. 다른 많은 사람들이 이럴 수도 있다. 그렇기 때문에 우리 모두는 행복하다. 내가 0이기 때문에 0인 다른 수많은 사람들에게 끝없이 줄 수 있다. 아무리 주어도 모자람이 없다. 여러 사람에게 도움을 주고 필요한 사람에게 모두 주어도 마찬가지이다.

003
기타 수와 관련된 단상들

3이라는 숫자

우리는 예로부터 3이라는 숫자에 대해서 어떤 '의미'를 부여해 왔다. 이야기에 등장하는 형제는 거의 '3형제'이다. '삼총사, 3차원, 3대, 금·은·동 메달 개수(3개), 상·중·하(3개의 단위), 3원색, 3화음, 3일장, 3년상, 3才(고대 중국 사상에서 우주의 3가지 근원을 뜻한다고 한다), 3권 분립…' 우리 주변에 3과 관련된 것들이 정말 많다.

갑자기 3에 대해서 생각하게 된 이유는 며칠 후가 엄마가 돌아가신지 3년째 되는 해이기 때문이다. 첫 번째와 두 번째 기일은 대구에서 친한 사람들과 함께 보냈는데 3번째 기일은 할머니와 외가 식구들이 계시는 서울에 다녀와야 한다는 사실을 생각하다가 '왜 3년이라는 것이 의미를 가지는 걸까' 하는 생각을 하게 되었다.

우리나라 선조들은 '3'이란 숫자를 완전수라고 생각했다고 한다. '참을 인(忍)자 세 번이면 살인도 면한다'라든지, 부모님이 돌아가시면 그 묘 옆에서 초막을 짓고 상복을 입은 채로 3년을 살았던 것을 보아도 조상들이 '3'에 대해서 각별히 생각했음을 알 수 있다.

내게 있어서 3의 의미는 무엇인가? 내게 있어서도 '3은 완전수'일까? 엄마가 돌아가시고 3년이라는 시간 동안 내게는 참 많은 변화가 있었다. 23년 동안 살던 서울을 떠나서 대구로 이사를 왔고 다니던 학교를 접고 다시 새로운 학교에 들어왔다. 앞으로 무엇을 하면서 살아갈지가 잠정적으로 결정된 것이다. 이제 나이도 20대 중반을 넘어섰다. 친구들에게서 '결혼식'이나 '돌잔치'에 관련된 소식들이 전해오고 있다.

이것저것 생각해 보니, 내게 있어서 3이라는 숫자도 엄청난 의미를 갖고 있다는 생각이 든다. 홀로서기 3년, 나름대로 자리를 잘 잡아가고 있다. 나름대로는 하루하루를 오늘이 마지막 날인 것처럼 열심히 살아가고 있다.

이만하면 내게 있어서 '3'의 의미도 완전수라고 할 수 있지 않겠는가! 다른 기준으로 나를 보면 한없이 모자랄 수도 있겠지만 엄마 눈으로 나를 바라보면, 늘 온전하다.

숫자 3이 더욱 온전한 숫자가 되도록 앞으로의 시간들을 채워 가고 싶다. 3이 아무리 잘 났어도 그 뒤에 4가 따라오지 않으면 소용없으니까.

3의 $\sqrt{2}$ 제곱

나를 구체적인 수학의 대상으로 표현한다면 '3의 $\sqrt{2}$ 제곱'으로 표현하고 싶다. '3의 $\sqrt{2}$ 제곱'을 수학적으로 살펴보면, a의 x제곱에서 거듭제곱의 밑인 a를 3이라 하고, 거듭제곱의 지수인 x를 $\sqrt{2}$라 하는 수이다.

여기서 무리수 지수 $\sqrt{2}$는 소수점 이하의 숫자가 주기적으로 반복되지 않아서, 유리수와 같은 정확한 값으로 예측할 수는 없지만, 1.414를 기준으로 근사시킬 수 있다. 이러한 무리수 지수 $\sqrt{2}$처럼, 나 또한 하루 하루 변화하고 성장해가는 과정 중에 있으므로 나를 유형화된 틀 속에 정형화시킬 수는 없지만, 무리수 지수 $\sqrt{2}$를 1.414로 근사시킬 수 있는 것처럼, 내가 어떤 사람인가를 나의 근본적인 가치관과 이상을 통해 파악할 수 있다.

그리고 무리수 $\sqrt{2}$를 1.41421… 로 근사시킨 것을 이용하여 3의 1제곱, 3의 1.4제곱, 3의 1.41제곱, 3의 1.414제곱, 3의 1.4142제곱, 3의 1.41421제곱 … 을 계산하면, 3의 1제곱은 3, 3의 1.4제곱은 4.65537, 3의 1.41제곱은 4.70697, 3의 1.414제곱은 4.72770, 3의 1.4142제곱은 4.72873, 3의 1.41421제곱은 4.72879 … 와 같다는 것을 알 수 있는데, 이 계산을 계속하면, '3의 $\sqrt{2}$제곱'이 일정한 수에 한없이 가까워진다는 사실을 알 수 있다.

여기서 거듭제곱의 밑으로 사용된 양의 정수 '3'은 앞의 무리수 '$\sqrt{2}$'와 달리, 유리수이기 때문에 명확한 값으로 표현될 수 있는데, 이러한 유리수 '3'처럼 명확한 나의 이상과 비전이 세워진다면, '3의 $\sqrt{2}$제곱'이라는 수가 일정한 수에 한없이 가까워지는 것처럼, 나도 올바른 인간이 되고자 하는 나의 기준에 가까워질 수 있지 않을까 생각해 본다.

즉, '3'이라는 나의 이상과 비전을 밑으로 하고, '$\sqrt{2}$'이라는 나 자신을 지수로 하여, 올바른 인간이 되고자 하는 기준에 도달하기 위해 노력하는 내 삶을 '3의 $\sqrt{2}$ 제곱'으로 정의해 본다.

나 자신을 수학적으로 표현하면 'π'이다.

세상을 둥글게 살아가는 모습으로 원을 동경한다. 이들 모든 원들에게 공통적인 특성이 하나 있다. 그것이 원주 ÷ 지름인 원주율 π이다. 가장 공통적인 속성을 지녔으면서도 아직까지 그 끝이 알려지지 않는 π로 나를 표현하고자 한다.

π는 3.141592 ··· 이렇게 계속해서 쓰여지는 비순환소수이다. 따라서 더 정확히 이야기하면 π를 3.14라고 지칭하는 것은 100% 완벽한 것이라고 볼 수 없다. 왜냐하면 π라는 것은 3.14에 가까워지는 것이지 3.14와 완벽하게 일치하는 값이라고 할 수 없기 때문이다.

따라서 나 자신도 이와 마찬가지로 끝을 알 수 없고 다시 말해서 미래를 알 수 없으며 비순환소수인 π처럼 일정하게 순환하지 않는(즉, 항상 똑 같은 기분과 똑 같은 상태로 살아가지 않고 상황과 경우에 따라서 미래에 일어날 수 있는 일들이 변할 수 있다는 의미) 그러한 삶을 살고 싶다.

미래를 정확하게 예견할 수 있다면 아마 인간은 나태해지고 자기 발전을 소홀히 할 것이다. 하지만 비순환소수처럼 끝을 알 수도 없고 일정한 규칙성을 지니지도 않는다면 아마 미래를 정확하게 예견하기 어려우므로 인간은 자신을 좀 더 채찍질하고 더욱 높은 곳으로

비상하기 위해 노력할 것이다.

나도 이와 마찬가지로 미래를 정확히 알 수 없지만 더 나은 상황과 더 나은 나의 장래와 더 나은 미래를 위해서 지금 이 순간부터 현재에 충실하게 최선을 다하는 보람 있는 삶을 살고 싶다.

2라는 숫자

자기 자신을 특정한 수로 표현해 볼 수 있을까?

나의 인생을 숫자 '2'로 표현할 수 있다고 생각한다. 그 이유는 솔직하게 말해, 학창시절에도 1등보다는 2등을 많이 했다. 그러나 그렇다고 해서 2등이 꼭 2인자라는 의미로 좋지 않다고만은 생각하지 않는다. 왜냐하면 1이라는 목표가 있으니 늘 그 목표를 위해 인생을 누구보다도 더 열심히 살아갈 수 있기 때문이다. 또한 이제 사회에 첫발을 내딛게 된 20살로서 아직 나의 상황이나 미래가 완벽하다고 생각하지 않는다. 그렇기에 나의 인생을 1인자, 즉 1등을 이야기하기보다는 1등을 향해 달려가는 멋진 2등으로 표현하고 싶다. 게다가 나뿐만 아니라 우리는 앞으로 교사가 될 것이다. 교사라는 직업은 많이 가르쳐 주면 가르쳐 줄수록 더욱 빛을 발하게 된다. 1인자로서 아이들을 이끌기보다는 2인자로서 대통령, 기업인, 선생님 등 사회의 1인자를 훌륭하게 지도하여 키워내는 사람이 되고 싶다.

9라는 숫자

나는 나의 인생을 단순한 숫자 9로 표현하고 싶다. 어떻게 보면 자연수 한자리 수 중에 제일 큰 수가 9이다. 그리고 10이 되지 못한 수이다. 그런 점에서 뭔가 완벽에 부족한 숫자라고 본다. 그래서 내가 10점을 인생에 있어서의 만점이나 목표로 본다면 9점은 그 전의 단계라고 생각한다. 결국 나의 인생은 만점이 아니라는 것이다. 하지만 9점이라는 것도 아니다. 다만 내가 살아온 지 얼마 되지는 않았지만 목표를 달성하기보다는 그 과정을 더 값지게 여기기 때문이다. 뭔가 달성되기 전까지의 노력에 왠지 뿌듯함을 느낀다. 그리고 10점이라는 목표를 달성했을 때도, 그리고 목표에 실패해서 반대로 0이 될 때도, 그때의 기분들은 그저 9점이라는 과정으로 다 위안이 되고 더 기쁜 것 같다. 물론 목표를 달성하는 것도 좋지만 나의 인생에 있어서 성공과 실패, 목표 도달보다는 정하고 나아가는 과정이 재밌고 원하는 삶인 것 같다.

0.95라는 숫자

나는 나의 삶을 '0.95'로 표현하고자 한다. 0.95는 1이라는 숫자에 가깝지만 완전한 1은 아니다. 이처럼 나의 삶 역시 아직은 완전하지 않지만 완전함에 다다르기 위해 부단히 노력하고 열심히 살아가는 나의 모습을 0.95라는 숫자가 잘 표현해주는 것 같다.

$\sqrt{2}$ 라는 숫자

나는 나의 인생을 $\sqrt{2}$ 라고 표현하고 싶다. $\sqrt{2}$ 는 자연수 1과 2 사이에 있는 수로서 어중간한 위치에 있다고 생각되기 때문이다. 나는 이제 막 삶을 알아가는 시기에 있는 것도 아니고 그렇다고 삶을 완성해가는 시기도 아닌 내 삶의 중간 길쯤을 걷고 있는 청춘이라고 생각하기 때문에 $\sqrt{2}$ 와 비슷하다는 생각을 하게 되었다.

또한 한 변의 길이가 1cm인 정사각형에서 보면 그 정사각형의 대각선의 길이는 $\sqrt{2}$ 가 된다. 정사각형에서 대각선을 그을 때 이웃하지 않는 꼭짓점을 찾게 된다. 만약 대각선을 긋지 않고 변을 거쳐 이웃하지 않는 꼭짓점으로 갈 경우 대각선으로 가는 것보다 길이가 더 길다. 한 꼭짓점을 나의 인생의 시작이라고 하면 이웃하지 않는 꼭짓점은 나의 인생의 성공이나 꿈을 이루는 점으로 볼 때 $\sqrt{2}$ 길이인 대각선을 거치는 것으로 인해 더 빨리 성공에 도착할 수 있다. 나는 2cm의 길보다 $\sqrt{2}$ 의 길을 걷고 싶다.

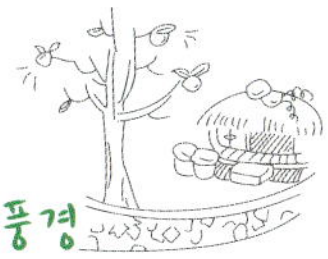

한 가지 더 $\sqrt{2}$는 1.414141…로 표현되는 무한소수로 나타낼 수 있다. 나는 완성되지 않았지만 무한한 가능성을 가지고 있다고 생각하기 때문에 $\sqrt{2}$와 비슷하다고 생각한다.

2% 라는 것

나는 나 자신을 2%라고 표현하고 싶다. 왜냐하면 지금 교사가 되기 위한 소양이 2% 모자라지만 지금 교대를 다니면서 소양을 키운다면 훌륭한 교사가 될 소질을 100% 다 채울 수 있다고 생각하기 때문이다. 조금은 부족하지만 그것을 충분히 채울 마음과 노력을 하고 싶기 때문이기도 하다.

학교에서의 '100'이라는 의미

생활수학 수업시간에 들은 학교에서의 100이라는 의미에 대한 이야기는 내게 신선한 충격으로 다가왔다. 100점이라면 나는 여태까지 참 잘한 점수이고 당연히 다음 단계로 넘어갈 자격을 갖춘 점수라고 생각해왔다. 하지만 100점을 맞았다고 그 내용에 대해 완벽하게 아는 건 아닌 것이다. 얼마든지 심화시킬 수 있는 수학의 경우 사실 100점이라는 점수는 존재하지 않는다고 하는 것이 맞을 것이다. 물론 100점을 맞은 아이가 그 다음 학습에 더 의욕을 갖고 참여할 수 있는 계기를 부여하고 만족감과 성취감을 줄 수 있는 점수이긴

하다. 하지만 100점이라는 것은 선생님이 학생의 능력을 100으로 한정시키고 어찌 보면 더 발전할 수도 있는 아이에게 자만심과 의욕 상실을 불러일으킬 뿐이라는 교수님의 말씀은 평생을 가슴에 새기고 주의해야 할 것 같다.

내 인생은 숫자 99

왜냐하면 99라는 숫자는 완전한 100에서 1% 부족한 숫자이다. 어딘가 부족하고 모자란 느낌이 드는 수이다. 내 인생 자체도 언제나 부족함의 연속이므로 항상 배우는 자세를 잃지 않고 열심히 노력하며 살아가겠다는 의미가 포함되어 있다.

나는 자연수

우리가 생활에서 쉽게 접할 수 있는 수라는 점에서 '나는 자연수'라고 생각한다. 자연수는 우리가 가장 쉽고 편하게 접할 수 있는 수이지만 자연수가 없다면 돈을 센다든지 사람이 몇 명인지를 셀 때 매우 불편하다. 이처럼 나는 편하게 대할 수 있고 평범하다. 하지만 평소에는 느끼지 못하다가 산소가 부족해지면 숨을 쉬기가 곤란하듯이 나 또한 갑자기 사라져버린다면 산소가 없어지는 것과 같은 결과가 나타날 것이기 때문이다. 예를 들자면 우리 집에서는 내가 없기 때문에 부모님께서 직접 청소를 하시는 경우가 더 많아질 것이고 과에서는 내가 없다면 당장 조모임에 문제가 생길 것이다. 이처럼 나는 편하게 접할 수 있지만 꼭 필요한 존재이다.

다음으로 자연수는 끝없이 더하기 빼기를 반복할 수 있다는 점에서 '나는 자연수'라는 생각을 한다. 나라는 존재 역시도 발전하고 퇴보하기를 불규칙적으로 반복하기 때문이다. 어떤 수를 더할 수 있고 어떤 수도 뺄 수 있는 자연수처럼 말이다. 여기서 어떤 수는 자연수 범위 내의 것-자연수 범위 이외의 것은 나와는 너무나 달라서 받아들일 수 없는 것들이다. 음의 정수로 나오는 뺄셈은 포함하지 않는다. 왜냐하면 어떤 영향을 받을 때 내가 없는 상태가 되는 0 이하로는 될 수 없기 때문이다.

자연수는 간단하게 보이지만 무한한 가능성이 있는 수이고 평범한 것 같지만 특별한 수이다. 따라서 나를 자연수라고 생각한다.

순환하지 않는 무한소수

나의 삶은 '순환하지 않는 무한소수'와 같다. 먼저 순환하지 않는 무한소수는 끝을 알 수 없으며, 유리수 꼴로 나타낼 수 없다. 나의 삶도 마찬가지이다. 나의 삶은 끝나지 않았으며 그 끝이 어떨 지 알 수 없다. 나의 삶을 어떤 무엇이라고 지금 단정지울 수는 없는 것이다. 미래를 예측할 수는 없으며, 어떤 잠재성이든 지니고 있다고 할 수 있다. 또, 순환하지 않는 무한소수는 순환마디가 없어서 규칙성을 발견할 수 없다. 나도 어떤 규칙성을 삶에서 발견하기는 힘들었던 것 같다. 힘든 일, 어려웠던 일, 기쁜 일, 좋은 일 등이 번갈아 가며 나타난 것이 아니라 생각지도 못할 때 나타났던 것이다. 나의 삶이 아직은 정의할 수 없고 끝을 모르지만 순환하지 않는 무한소수의 숫자 나열처럼 계속 인생의 예측할 수 없는 모습들이 나타나고 있다.

나는 합성수

일상적이고 통상적으로 나타내는 단순한 수 말고 좀 더 나를 포함하고 있는 수학적 용어는 '합성수'이다. 합성수의 정확한 정의는 인수분해해서 1과 자기 자신 이외에 다른 약수를 가지는 수이다. 자연수 중에서 1과 소수가 아닌 수인 것이다.

모든 사람은 1, 절대 혼자일 수 없다. 혹자는 본질적으로 혼자라고 하지만, 사람은 사회적 동물이라고 하지 않았던가, 다른 사람과 함께 있음으로써 자신의 존재를 확인할 수 있다고 본다.

소수, 나눠도 자기 자신과 1, 그러므로 결국은 혼자인, 이도 1처럼 해석될 수 있는데, 자기 자신만을 가지고 살 수도 없다.

합성수, 이 수는 나누면 자기 자신과 1뿐만 아니라 적어도 하나의 수는 또 나오게 된다. 지금까지 살펴본 다른 수들과 달리 이 수는 자기 자신뿐만 아니라 또 다른 수가 있어야 비로소 합성수가 될 수 있다. 이처럼 우리는 혼자만으로 살아가기 힘들다.

'천상천하 유아독존'이라고 말하는 사람들이 있겠지만 적어도 내가 생각하는 인생에서는 다른 사람들(가족, 친구, …)도 모두 나와 내 인생을 구성하는 한 요소이다. 좀 더 다르게 표현하면 합성수-나를 분해되면서 나타나는 수- 이다.

나누면 나눌수록 나타나는 수들처럼 나를 알기 전의 모습, 1분 이야기하고 나면 아는 나의 모습, 1시간 이야기하면 알게 되는 나의 모습, 한 달 지내고 나면 알게 되는 모습, 1년, 10년, … 이런 식으로 나를 알아가게 되면 언젠가는 모든 나의 모습을, 숨겨진 진가까지도 알게 되는 모습이 나타날 것이다. 합성수를 인수분해하게 되면 나타나는 하나하나의 약수들처럼.

이처럼 혼자서는 살 수 없는 여러 사람들 속에서의 나와 알게 되면 알게 될수록 나타나는 나의 모습들, 이 모두를 '합성수'라는 용어를 사용하여 나를 나타낼 수 있다.

공집합 ϕ 파이

나는 삶을 공집합 ϕ 파이라고 생각한다. 나에게 파이는 두 가지 의미를 지닌다. 공집합은 무한집합이 될 수도 있고 반면 원소가 얼마 없는 작은 집합이 될 수도 있는 가능성이 있는 집합이다. 내가 얼마나 노력하고 채워 넣느냐에 따라 그 모양도 바뀌기 때문이다.

하나는 '처음처럼'이라는 말처럼 출발점의 의미가 될 수도 있다. 생활에 무뎌졌을 때 다시 한 번 나를 되돌아 볼 수 있는 기호라고 생각한다.

나는 비순환소수

비순환소수는 순환하지 않는 무한소수로서 무리수이다. 이 수는 소수 아래 반복되는 수(순환마디)없이 끝없이 수들이 이어져서, 다음에 올 수를 예상할 수도 없고 끝없이 계속되며 무한이다.

대표적인 예로 원주율인 π가 있는데, 원주(한 원의 둘레의 길이)를 지름으로 나눈 값으로 소수점 아래로 1억 2천만 개까지 구했지만 아직도 순환하는 부분을 찾지 못했다고 한다.

이렇게 원주율을 π라고 부르지만 실제로 수로 나타내면 그 무한함과 변화무쌍함으로 다음 수를 예상할 수 없듯이 나 역시, 하나의 이름으로 불리며 지금은 교대생으로서 초등학교 교사로서 미래가 정해져 있는 듯 보이지만, 나의 미래가 가진 변화 가능성은 다음 순간을 예상할 수 없는 무한한 가능성으로 이끈다.

한계를 짐작할 수 없는 무한한 변화가능성, 그 성질 때문에 나를 비순환소수라고 표현해 보았다.

풍경 둘

수식으로 표현된 삶과 좌우명

삶의 사칙연산을 잘하다

타인은 항상 +하고
자신은 항상 −하며
장점은 계속 ×하고
단점은 계속 ÷하다

다른 사람은 항상 그의 좋지 않은 점을 먼저 보려 하기보다
그의 좋은 점과 본받을 점을 찾으려 애쓰고
또한 그것을 높이 평가(+)해 주며,

자신은 늘 부족한 듯 반성하고 다른 사람에게 자신을 보일 때도
거만하지 않으며 겸손(−)할 줄 알며,

자신의 좋은 점은 끊임없이 계발하여 일취월장(×)하도록 하며,

나쁜 점은 인고의 노력으로
자신으로부터 덜어내어(÷) 버릴 수 있도록 하자.

이외에도 사칙연산은 우리의 삶 속에서 지혜로운 삶의 방향을 제시해 주는 것 같다.

기쁨을 주위 사람들과 나누면(÷) 그 기쁨은 배(×)가 된다. 우리는 다른 사람을 깎아 내리면(−) 자신은 상대적으로 높아질(+) 수 있다고 생각하는데 오히려 그로 인해 자신에 대한 평가가 크게 절감(÷)된다는 것을, 타인을 존중함으로써 자신은 진정으로 평가절상(×)된다는 것을 명심해야 할 것 같다.

1+1=2

이 식은 나와 나의 좌우명을 나타내는 수식이다. 먼저 이 식이 나를 의미한다는 이유를 설명해 보자. '1이라는 수가 나'를 나타낸다고 한다면 '나'에 또 '나'를 더하면 그래도 여전히 '나'이기 때문에 '나'라는 수가 나와야 한다. 그렇기 때문에 1+1=1이라는 수식이 나와야 한다. 하지만 2가 나오는 이유는 내가 이중인격자라기 보다는(?) 내가 쌍둥이이기 때문이다. 우리는 같지만 다른 사람이다. 또한 한 사람이 언급되면 다른 사람에 대한 언급은 따라오기 마련이다. 그래서 나는 같지만 다른 삶을 살고 있는 것이다.

그리하여 나의 식은 1(나)+1(또 다른 나)=2(두 명)이다.

다음으로 이 식이 나의 좌우명을 의미하는 이유를 알아보자. 나의 좌우명은 '단순하고 정직하게'이다. 나의 좌우명을 조금 더 분석해 보자. 나는 복잡하게 꼬아서 꼬리에 꼬리를 무는 생각을 했었는데 이는 나에게 늘 걸림돌로 작용했었고 언제나 답이나 결론은 단순했다. 즉, 복잡함은 내가 버려야 할 숙제였고, 그리하여 나의 좌우명에는 단순함이 포함되었다. 이 단순함을 식으로 표현해 보자면, 어린 아이들조차도 쉽게 떠올릴 수 있는 식이 단순함을 내포한다는 결론을 얻게 되었다. 그리하여 좌우명의 앞부분인 단순함으로 1+1이라는 식을 만들었다.

다음으로 정직이라는 좌우명의 요소를 살펴보자. 단순함이 내가 살아온 과거에 대한 반성이었다면, 정직은 내가 살아가야 할 방향성을 나타내는 요소이다. 앞으로 내가 나 스스로에게 비춰 정직한 방향으로 삶을 이끌어야 한다는 것이다. 예를 들어, 사랑이라는 표현이 있다면 나는 주로 부끄럽고 쑥스럽고 상대를 생각한다는 착각과 같은 이유로 나의 사랑이라는 느낌을 감추고 표현하지 않는다. 그것은 나에게 비춰 정직한 삶이 아니다. 부모님, 친구, 애인 그리고 앞으로 생길 나의 제자들 등 이러한 감정을 가진 사람들에게 이 정직성을 발휘하여야 한다. 이 정직성이 제대로 발휘되지 못하여 여러 가지 오해나 슬픔이 찾아오기 때문이다. 물론 이 정직성이 쉽게 발휘되지 못하기 때문에, 내가 지향해야 할 방향성을 나타내는 요소로 나의 좌우명에 포함되어 있다. 이 정직함이 발휘된 식을 만들기 위해서는 수학적으로 보았을 때 정직한 답이 나와야 한다고 생각했다. 그렇기 때문에 이 정직이라는 요소를 토대로 2라는 답으로 만들어보았다.

그리하여 $\underset{\text{'단순하고}}{1} + \underset{\text{정직하게'}}{1} = 2$ 이라는 식이 완성되었다.

수학이란 무엇인가?

1+1= 1

1+1= 2 이 성립할 수 있는 경우는 무엇인가?

1+1= 3

1+1=1이라는 것을 처음 접해본 것은 아마도 초등학교 4-5학년 때쯤이었을 것이다. 교실 책꽂이에 꽂혀 있었던 1+1=1이라는 제목의 책. 그 때 그 책을 읽어보았었는지 아니면 무심코 지나쳤는지 잘 모르겠지만, '1+1=1'이라는 책의 제목만큼은 내 기억 속에 또렷하게 새겨져 있다. 왜냐하면 1+1=2라는 진리가 내 머릿속에 강하게 박혀 있었기 때문이다. 책에는 항상 옳은 말만 쓰여 있다고 생각하던 그 시절 1+1=1의 책제목은 내게 상당히 강한 충격을 남겨주었다. 지금 생각해 보면 그 책이 왜 초등학교 교실에 꽂혀 있었는지 이해하기 힘들지만 (그 또래 아이들이 이해할만한 수준이 아니라고 생각하므로) 어쩌면 이러한 생각도 나의 편견인지도 모른다. 나는 1+1=1이라는 것에 커다란 호기심을 가졌었다. 그러나 그에 대해 알려는 노력은 기울이지 않았다. "왜 그럴까?"하는 어린 아이 특유의 강한 호기심

도 어느새 이유와 원인을 몰라도 결과만 충실히 암기하면 된다는 식의 교육 속에 묻혀버렸을 가능성을 조심스레 들추어본다.

나는 지금 미래세대의 교육을 맡겠다고 교육대학교에 와있다. 그러나 내가 지금껏 기형적으로 이루어진 교육의 희생물이라면 나 또한 미래 아이들의 잠재능력을 소멸시켜 버릴 수 있지 않을까? 내가 이미 잘못된 교육방법에 길들여져 있기에 두려움이 앞서는 것도 사실이다.

교육대학교에 와서 가장 강하게 느끼는 것은 두려움이다. 내가 과연 올바르게 잘 해나갈 수 있을까? 물론 때에 따라서는 이 정도면 충분치 않은가 하고 자만할 때도 있지만 새로운 사고를 접할 때마다 내가 모르는 부분이 너무나 많구나 하는 반성을 하게 된다. 요즘 와서는 이러한 반성을 늘 가슴속에 지니고 사는 것이 진정 현명해지는 일이 아닐까 여겨진다. 그러나 이러한 말들은 모두 말일뿐이다. 이러한 생각을 내면화하기 위해서는 나 자신을 훨씬 더 객관적으로 바라볼 수 있어야 한다. 내가 힘들어하는 부분이 바로 이것이다. 사고와 행동의 불일치.

그리고 2학기 들어서는 주변 사람들이 나에게 너무나 많은 문제를 제시한다. 사실 좀 벅차는 일이기는 하지만 시간의 여유를 두고 생각할 일이다. 처음에는 내게 밀려오는 삶의 문제들을 빨리빨리 해치우려 하였다. 때문에 소화불량에 걸려 버렸다. 한동안 아픔을 느끼고 새롭게 발견한 것은 내가 너무 서두르고 있다는 것이다. 그러나 이러한 일들을 겪음으로 해서 조금씩 자라나는 나를 느낄 수 있어서 위안이 되는 것 같다.

1+1=?에 관한 단상들

Ⅰ. 1+1=2라고 할 수 있는가? (부제 : 산술적인 덧셈은 항상 성립할까?)

일반적으로 사람들은 학교에서 배운 상식을 토대로 1+1은 당연히 2가 될 것이라고 생각한다. 일반적인 산수에서는 그것이 당연히 옳은 것이지만 어릴 때도 1+1은 1이 될 수 있다는 아이들이 가끔 있다. 보통의 사람들은 1+1을 생각할 때는 고체를 한 개씩 더하는 것으로 인지하지만 가끔씩 액체를 예로 들어서 물 한 방울과 물 한 방울을 섞으면 여전히 크기만 커진 물 한 방울인 것이다. 따라서 1+1은 1이 될 수 있다. 이런 것은 일반 사회로 넓히자면 무수히 많은 예를 가질 수 있다. 예를 들어 기업의 경영을 볼 경우에 이것은 시너지 효과와 함께 인식할 수 있다. 시너지 효과는 일반적으로 1+1이 2 이상의 상승효과를 낼 경우를 뜻한다. 기업이 새로운 제품을 개발하려 할 때 원래는 새로운 기계, 점포, 유통경로 등이 필요하지만 기존에 있던 그들의 기술, 유통경로, 점포 등을 활용한다면 새로운 제품을 만드는데 단순한 산술적인 덧셈보다 적은 비용을 들이면서 성취는 더 크게 할 수 있다. 따라서 투자에 1+1을 했다면 그 결과 얻는 이익은 2가 아니라 3, 4 그 이상의 성취도 얻을 수 있는 것이다. 또한 이와 반대로 역 시너지 효과도 나올 수 있다. 앞의 예에서 보는 것처럼 새로운 제품을 만드는데 기존의 설비 등을 이용했지만 이것이 새로 만들려는 제품에 부합하지 못하여 고장날 경우 기존의 자산까지 사라질 수 있다. 따라서 이러한 경우에는 투자에서 발생한 1+1이란 값의 결과가 1, 0 등 2보다 더 작게 나올 수 있는 것이다.

나의 좌우명은 1+1=2가 아니라 1+1=11이다. 왜냐하면 1+1을 하여서 2라는 정확한 답을 내기보다는 11이라는 숫자를 말하면서 타인과 다른 사고의 전환을 하자는 것이다. 또한 2보다는 11이 크기 때문에 같은 노력을 하더라도 다른 사람보다 더욱 효율적으로 살자는 것이 나의 좌우명이다.

나의 좌우명은 1+1=2가 아니라 ∞(양의 무한대)이다. 그 이유는 1+1할 때 1은 개인, 즉 '너와 나'를 뜻한다. 그리고 그 합이 무한대가 된다는 말은 혼자서(나) 이루지 못할 일이라도 누군가(너)가 함께 해준다면 그것은 단순히 2(너와 나의 물리적인 합, 눈에 보이는 성취)가 되는 것이 아니라 무한한 가능성, 함께 함으로써 그 힘이 더욱 커지는 시너지 효과가 발생할 것이라는 뜻이다.

Ⅱ. 1+1=1

어떻게 하면 나를 수학적으로 표현할 수 있을까 하는 많은 고민을 했지만 수학처럼 확실하고 딱 떨어지는 방법으로 나를 표현하기는 어려웠다. 도형, 수, 방정식 등 수학과 관련된 온갖 영역을 생각해 보다가 식으로 나를 표현하면 어떨까 고민해 보았다.

첫 시작을 나타내는 1은 오직 나만을 의미하는 1이 될 수 있다. '1+1=1'에서 모든 1은 '나' 자신이다. 수학적으로 이 식은 도저히 설명할 수도 없고 이해할 수도 없다. 하나님께서 만드신 나도 이 식처럼 설명할 수 없는 존재이다. 내면의 내 모습 하나와 겉으로 보이는 외면의 내 모습 하나가 만나서 지금의 '나', 오직 하나를 이루고 있다. '외면의 나'는 남들에게 조금은 선하게 보이고 인정받기 원하는 나의 겉모습이고 '내면의 나'는 겉으로 잘 보이기 위해 억누르고 있는 나의 본성이라고 할 수 있다. 다르게 표현하자면 착한 내 모습 하나와 그렇지 않은 나의 모습 하나가 만나서 지금의 나를 이루고 있다. 이중적인 모습이라고 할 수 있지만 결국 나는 하나다. 그것도 나의 일부이다.

'1+1=1' 을 또 다른 의미로 표현하자면 '나'는 '하나'이고 다른 사람과 구별된 '하나'이지만 그런 한사람 한사람이 만나서 둘이 아닌 하나의 사회를 이루고 살아가는 존재라는 것을 의미한다. 꿈보다 해몽이라고 하지만 정말 나는 이 세상에서 혼자 살아갈 수 있는 존재가 아니다. 한사람과 한사람이 만나서 두 마음이라면 얼마나 외롭고 삭막한 세상일까? '1+1=2'가 되는 수학적 세상보다는 '1+1=1'이 될 수 있는 인간적 세상이 나는 더 그립다.

친구들은 저마다 자신을 다르게 표현하고 있다. 딱딱하게만 느껴지고 항상 답이 명확한 학문이 수학이라고 생각했다. 이런 수학을 '나의 삶'에 비추어 보는 것은 수학을 지금까지와는 다른 시각으로 볼 수 있는 시간이었다. 수학시간이 마치 철학시간처럼 느껴진 적도 많았지만 그래도 지금은 수학을 조금은 따뜻하게 느낄 수 있는 시간이 되었다.

Ⅲ. 1+1=3

'1+1=3'은 시너지 효과를 나타낸다. 시너지 효과는 전체적 효과에 기여하는 각 기능의 공동작용, 협동을 뜻하는 말이다. 종합효과 또는 상승효과라고도 한다. '1'을 한 사람이 발휘할 수 있는 능력으로 본다면, 한 사람과 한 사람이 만나 함께 공동작용, 협동을 하면 '2', 즉 두 사람 몫의 결과 이상을 얻을 수 있다는 것이다. 여기서 '3'은 꼭 세 사람 몫의 결과를 뜻하는 것이 아니라 그 이상의 경우도 배제하지 않은 것이다. 세 사람 이상 몫의 결과를 이끌어 낼 수도 있다는 뜻이다. 이처럼 '1+1=3'은 여럿이 함께 서로 돕는다면 각자 몫의 결과 이상을 얻을 수 있다는 것을 식으로 표현한 것이다.

• 나의 인생을 수학으로 표현해보자.

$$1+1\neq 2$$

$$1+1=?$$

⇨ 1+1가 2라는 것은 당연한 진리이자 수학적 결과 이지만 나는 결과가 당연해 보일지라도 항상 한 번 더 생각해보고 결과에 대해 의심해보는 그런 자세를 가지고 있기 때문에 1+1=?라고 표현하였다.

2+4=∞

나의 인생은 이해와 사랑으로 이루어져 왔고, 앞으로도 그럴 것이다. 나는 부모님의 사랑으로 태어나 어여쁜 맏딸로서 사랑을 듬뿍 받으며 자랐다. 유년기엔 선생님들의 이해와 사랑으로 또 행복한 학창시절을 보냈다. 초등학교 1학년 음악시간이 생각이 난다. "반짝반

짝 작은 별~ 아름답게 비치네~"라는 노래를 불렀는데 담임선생님께서 잘했다며 나를 안아주고 볼을 비벼주셨다. 그 후로 나는 음악시간을 다른 과목보다 즐거워하는 아이가 되었다. 이 일은 내가 초등학교 선생님의 꿈을 갖게 된 계기이기도 하다. 6학년 때에는 자상하고 이해심 많은 젊은 총각 선생님을 좋아하기도 했다. 중학교 1학년 때에는 초임으로 오신 여자 선생님의 학생들에 대한 사랑에 감동하기도 하였다.

첫 대학은 비록 나의 꿈과는 다른 곳이었지만 그곳에서 평생의 단짝 친구들을 만나 그 친구들에게서 무한한 이해와 사랑을 받으며 지냈다. 그리고 나를 무척이나 아껴주는 또 한 사람을 만났다. 그 사람은 내게 더 큰 이해와 사랑을 보여 주었다. 대학 졸업 후 교사가 되기 위해 다시 공부하는 동안에도 가족들과 남자친구는 내게 변함없는 이해와 사랑을 주었다.

한 번의 돌아오는 길이 있었지만 지금까지의 나의 인생이 비교적 순탄했노라고 생각하는 이유도 이처럼 나의 주위에 수많은 좋은 사람들이 있었기 때문이다. 나를 이해하고 사랑해주는 사람이 곁에 있다는 건 세상 그 무엇보다도 귀중한 일이 아닐까? 나 역시 누군가에게 반드시 그런 존재이고 싶다. 초등학교 선생님이 되어서는 아이들에게 꿈을 심어주는 따뜻한 선생님이 되고 싶고, 무한한 이해와 사랑을 주신 부모님께는 그만큼 효도하는 착한 딸이 되고 싶다.

머지않아 한 가정을 꾸리게 되면 그 안에서 좋은 배우자, 좋은 엄마가 되고 싶다. 이해와 사랑은 모이면 모일수록 더 커지고 그 크기는 헤아릴 수 없다. 넘치는 이해와 사랑이 나의 주위에 가득한 그런 삶을 앞으로 살고 싶다.

$f(x)\times 0 \neq 0$

$f(x)$라는 함수식을 아무리 열심히 계산해봐야 소용없다. 뒤에 '×0'이 있으므로 답은 무조건 0이다. 현실 속에서 우리는 '×0'을 보지 못하고 열심히 앞의 함수식을 계산하는 경우가 종종 있다. 그런 경우에 우리는 "아, 뒤에 '×0'이 있었네. 괜히 수고했잖아."하고 투덜거린다.

그러나 과연 그 앞의 함수식을 계산한 것이 우리에게 필요없는 일이었을까? 지금처럼 답을 내는 것이 중요시되는 사회에서는 당연히 필요없는 일이다. 내게 유용한 일만을 하며 살기에도 모자란 시간을 해봐야 결과도 없는 일에 투자할 만큼 한국인은 여유롭지 못하다.

예전의 나는 어떤 일(가시적 성과가 존재하는)을 해도 만족스럽다고 느끼지 못했고 대부분의 사람들에게 인생의 의미라고 말해지는 것(가족, 명예, 지위, 돈 등)은 허상에 불과하다고 생각했다. 남들이 취업 준비를 하는 모습을 보면 저 사람들은 왜 저렇게 노력해서 그 직업을 가져야만 하는가? 젊은 시절은 다시 돌아오지 않는데 왜 도서관에서 자신의 귀중한 시간을 까먹고 있는가? 하는 생각이 들었다. 나는 대학교를 휴학기간 포함해 6년을 다녔는데, 남들이 학점관리할 때 나는 소설이나 읽으며 놀았고, 남들이 취업준비할 동안 나는 봉사활동을 했다. 취업은 그냥 아무 곳에나 이력서를 넣어 아무 곳에나 했다. 월급을 적게 줘도 야근을 안하는 걸로 만족했고 다른 친구들 회식하고 야근할 동안 나는 음악이나 들었다.

사람들이 그런 나에게 말했다. 시간 쪼개 봉사활동을 하는 것을 보면 "네 앞가림이나 해", 공부 안하고 노는 것을 보면 "넌 하고 싶은 일이 뭐냐?" 하고 물었다. 그럼 난 대답했다. "원래는 없었는데 봉사활동을 하다 보니 특수교사가 괜찮은 것 같네" 그 이야기를 듣고 한 친구가 말했다. "난 그렇게 비루하게 살고 싶지 않다. 너도 한 번 사는 인생 좀 괜찮게 살아봐라."

그렇다면 괜찮게 사는 것은 무엇일까? 그 사람은 $f(x)\times 0=0$이라고 생각하기 때문에 그런 말을 했을 것이다. 그 사람에게는 눈에 보이는 정답만이 중요하므로 $f(x)$는 아무런 가치가 없다. 하지만 나는 $f(x)\times 0\neq 0$이라고 생각한다. 딱히 열심히 해봐야 별다른 성과가 보이지 않는 이 $f(x)$가 지금까지 내가 살아오면서 느낀 보람과 만족감의 근원이었다. 그리고 그 보람과 만족감이 형상화, 계량화 할 수 없다고 해서 그것이 결코 0은 아니다.

아마 나의 친구가 교사가 된다면 그 친구에게는 성적 등의 가시적인 성과가 아이들을 평가하는 무엇보다 중요한 기준이 되지 않을까? 나는 교사가 된 뒤 계량화 할 수 없는 이런 아이들 속의 무언가를 형상화해주고 인정해주고 독려해주고 싶다. 아이들이 각자 자신의 삶의 기준을 정립하고 스스로의 삶의 가치를 자주적으로 평가할 수 있도록 독려해주고 싶다.

나의 삶 '$K \times 0 = 0$'

나는 '$K \times 0 = 0$'이다. 더 정확히 표현하자면 나는 이런 삶을 살고 싶다. 삶을 ×, 즉 곱하기로 보고, 0은 '나'이고 K가 내 주위의 '환경'일 때, 나는 환경에 치우치지 않는 삶을 살고 싶다. 지금까지는 내 삶은 환경에 따라 결정된 점이 많았다. 학교, 학습, 선택 … 개인적으로 이런 많은 것들이 환경에 크게 좌우된 점이 많았다. 다른 사람을 의식하여 자유롭게 무엇인가를 하지 못한 소심함도 많은 부분을 차지한다. 그래서 나는 앞으로는 K(환경)가 무엇이든 늘 똑같은 나로 남고 싶다.

지금까지의 나의 인생을 돌아보면 그렇게 나를 괴롭히고 힘들게 했던 많은 시간들이 있었다. 그 시간들이 아깝지 않은 시간들이라는 것은 그 속에서 삶의 진정한 가치를 깨달을 수 있었기 때문이다. 그 힘든 시간들은 지금의 나를 만들 수 있었던, 가치 있고 소중한 시간들로 나만의 역사이기 때문이다. 그 시간들이 없었다면 지금의 나는 있을 수 없다. 나는 주위 사람들처럼 평범한 삶을 살아온 것은 아니지만, 그 사람들이 겪지 못한 많은 것을 보고 느끼고 생각할 수 있었기 때문에 앞으로의 인생을 살아가는데 이것은 무엇과도 바꿀 수 없는 나의 한 부분이 될 것이다.

그래서 그런지 나는 $0 \times X = 0$의 삶을 살아가고 싶다. 내가 살아왔던 시간들보다 살아갈 시간이 더 많기 때문에 그 시간동안 지금 겪어왔던 일들보다 더 힘든 많은 일들이 있을지 모른다. 앞으로 내가 겪게 될 일들이 좋은 일이든지 그것이 힘들고 괴로운 일이든지 간에 그 일을 미지수 X로 두어도 X의 앞에 0이 곱해져 있어서 항상 0이 나오는 부정방정식처럼 한결같은 사람이 되고 싶다. 조금 힘든 일을 쉽게 포기해 버리고 노력해 볼 생각도 하지 않는 사람이 아니라, 다른 사람들이 겪지 않아도 될 일을 내가 겪는다 해도 흔들림 없는 노력하는 사람이 되고 싶다.

한결같이 노력해서 이루지 못할 일은 없을 것이다. 그리고 행복은 내가 만들어 가는 것이다. 내 주위 일들이 나를 불행하게도 행복하게도 만드는 것이 아니라 힘든 일이 내 앞에 주어져도 한결같이 노력하는 모습으로 행복한 나만의 삶을 만들어 가고 싶다.

$x + \alpha = \infty$

평소에 특별히 좌우명에 대한 인식을 가지고 있지는 않았다. 그저 매사에 최선을 다하고 성실하게 산다는 신념으로 나름대로 열심히 살아온 것밖에 없는 것 같다. 그러다 보니 어느새 이렇게 대학생이 되어 있는 나 자신을 발견할 수 있었다. 이런 나에게 좌우명이라니, 그것도 수학으로 표현해 보라니, 상당히 고민스럽다. 그래도 좌우명을 하나쯤 제대로 만들어 놓으면, 나 자신을 다잡을 수 있고 목표의식을 뚜렷하게 가져서 일관성 있게 행동할 수 있을 것 같아서, 열심히 궁리를 해 보았다. 그래서 식을 하나 만들었다.

$$x+\alpha=\infty$$

x는 지금 나의 상태, 나에게 주어진 여건, 현재 내가 가지고 있는 능력을 의미한다. α는 내가 매 상황마다 기울일 노력을 의미한다. ∞는 그 결과가 얼마가 나올지 알 수 없기 때문에 붙여둔 임의의 기호이다. 무한대 기호는 어떤 숫자가 아니라 무한대로 커지고 있는 상태를 의미하기 때문에 이 등식이 성립한다고 자신 있게 이야기할 수는 없다. 내 능력과 노력이 합해진 결과가 꼭 내가 노력한 만큼 나온다는 보장도 없다. 하지만 이러한 식에 따라 계속 행동하다 보면 그 한계는 계속 확장될 거라고 생각했기 때문에 무한대 기호를 붙였다.

1 나누기 2=2 (함께 나누는 세상을 위해)

위의 나눗셈은 수와 연산에서는 틀린 답이다. 그렇지만 위의 공식이 성립하는 곳이 있다. 그곳은 바로 신체의 일부분을 나누는 병원이다.

주위에 백혈병과 근육세포 마비로 고생하는 분이 많다고 한다. 텔레비전 프로그램에서는 위의 딱한 경우를 방영하여 눈시울을 붉히게 한다. 백혈병 완치의 주시술은 골수이식에 있다고 한다. 나의 골수 조금이 그 환자들에게는 생명에 대한 희망이다. 그렇지만 골수이식에 대한 잘못된 인식으로 인해 골수 인식을 꺼리는 실정이 안타깝다. 또, 근육세포 마비는 한참 뛰어 놀 어린 생명들에게 근육을 마비시켜 힘든 병마와의 싸움을 만들게 하고 있다. 외국의 선진 의술이 국내에 들어와 시술 중이라고 한다. 그 방법은 약 9세에서 25세 미만의 건강한 학생들에게 담배 필터 크기, 즉 2g을 추출하여 배양해 환자의 근육세포에 이식하는 방법이다. 기존에는 외국의 배양된 근육세포를 들여왔기 때문에 그 비용만도 2억원이 넘는다고 한다. 어느 단체에서 중학교에 근육세포 기증을 받기 위해 학생들에게 홍보했다고 한다. 처음에 학생들에게 200명 이상의 호응을 얻었지만 학부모의 동의를 구하는 과정에서 그 학생수가 2명으로 줄었다는 소식을 들으니 안타까웠다.

이 세상은 나 혼자 살아가는 것이 아니다. 우리 모두는 한 배를 탄 공동구성원인 것이다. 우리의 구성원이 도움을 요할 때 나의 작은 도움이 그들에게 있어서는 새 생명에 대한 희망이라는 것을 잊지 말자. 기회가 되면 골수이식 등 생명나눔 행사에 참여하고 싶다.

신문에 이런 기사가 있었다. 50대 중반의 가장이 죽은 후 자신의 장기를 기증하고 화장해달라고 한 것이다. 어려운 이웃과 함께 할 수 있어 좋고, 장례 문화를 바꾸는 데 조금이나마 역할을 하고 싶다고 한다. 그 대신 조상 묘에 자신을 대신해 괜찮은 나무 한 그루를 심어 잘 보살펴 달라고 했다고 한다. 얼어 있는 나의 마음에 따뜻한 기운을 불어넣은 그의 유언이 아직도 내 귀에서 맴돈다.

나누어주기(나누기)의 교육적 의미

우리나라의 학교에서는 비록 통합교육을 염두에 두고 있다고는 하지만 실질적인 통합교육이라는 것은 찾아보기 힘들다.

통합교육이라고 이름이 붙여진 것도 다만 내용상의 유사성으로 인해 함께 공부를 할 뿐, 내용의 유사성을 찾아보기 힘든 것들은 모두 개별적인 교과로써 가르치고 있다. 그나마 어떤 것은 교과간의 내용상의 불균형도 있으니 통합교과란 그냥 말뿐인 것이라고 볼 수도 있다. 입학했을 당시에만 해도 수학이란 내 나이의 학생이건 초등학생이건 그 이름 자체만으로도 부담스러운 그런 교과였다. 그것은 단지 수학을 하나의 특수한 교과(?)로 인식했기 때문일 것이다. 그렇기에 수학은 특별한 그리고 뭔가 어려운 그런 과목으로 밖에 생각되지 않는다.

그러나 이제 '수학교육'을 이수하고 나니 수학이 반드시 그런 것이 아니라는 것을 알게 되었다. 수학은 다른 교과와의 관련성이 두드러지게 많다는 것을 알게 된 것이다.

특히 국어교과와의 관계가 더욱 그러하다. 국어에서 사용하는 용어들은 곧 수학의 용어이기도 하다. 그러므로 수학에서 용어의 의미를 설명할 때는 국어와의 관계를 꼭 생각해 보아야 할 것이다. 그것이 동일한 의미를 가진다면 오히려 가르치기가 쉬울 것이며, 만약 다른 의미를 가진다면 그 차이를 조절해 주어야 한다.

나는 개인적으로 '나누기'에 담긴 의미를 아이들에게 가르치고 싶다. 현재 나는 '나누기'라는 용어를 그냥 큰 의미없이 받아들이고 있지만 초등학교 시절 나누기를 어머니에게서 배울 때 '나누어주기'라는 용어로 배웠다. 나누기의 쓰임을 보면 초등학교 수학에서는 거의 많은 경우 어떤 동일한 다수의 물건들을 여러 사람에게 나누어주는 방식의 예를 들고 있다. 이처럼 나누기는 나눈 후의 행동이 포함되어있다. 나누고 난 후에 그것을 주는 것이다. 이것은 아이들에게 중요한 부분이다. 요즘처럼 자신의 것만 알고 주위의 사람들을 배려할 줄 모르는 삭막한 시기에 자기 것에 남에 것을 빼앗고(−) 자기의 것으로 가져오고(+) 그것을 늘려 자기의 것을 배로 늘이는(×) 그런 삶의 모습들 속에서 나누기(나누어주기)는 얼마나 아름다운 일인지를 다시 생각하게 한다. 자신이 가진 것을 다른 사람들에게 나누어주는 것은 비록 그런 덕목이 도덕과 관련이 있다고 할지라도 충분히 수학에서도 이야기할 수 있을 것이라고 생각한다. 초등교육의 큰 목적이 모든 교과를 통한 교육이라고 할 때, 수학도 그 목적이 수학을 통한 교육이 되어야 할 것이다.

나의 좌우명 $y=e^x$

$$y=e^x \quad (\text{단, } x=(\text{노력}),\ y=(\text{성장}))$$

$y=e^x$ 함수는 증가함수이다. x값이 증가함에 따라 y값도 끊임없이 증가하고, 그 증가하는 정도인 기울기도 끊임없이 증가한다.

나는 끊임없이 노력하고 또 그만큼 무한히 성장하는 사람이 되고 싶다. 그리고 항상 똑같은 정도로 최선을 다하려는 마음을 갖는다. 그래서 나의 시간과 노력이 더해갈수록 나의 성장의 정도도 끊임없이 커질 수 있는 가능성을 안고 있다.

또 하나는 이 세상의 많은 일들은 분해하면 사라지고 적분하면 많아지는 경향을 주로 갖는다. 그러나 이 함수는 미분해도 적분해도 그대로 유지하는 속성을 갖고 있다. 언제 보아도 항상 같은 삶을 살고 싶은 소망을 갖고 있는 것으로 해석된다.

이 식은 과거를 잊고 항상 산뜻한 출발을 하는 속성을 지니고 있다. 그래서 복잡한 것은 제외하고 가장 단순한 생명력을 표현한다.

그렇기 때문에 나의 좌우명을 위와 같은 수학적 식으로 나타내고 그 의미를 분석하여 보았다.

'항등원'처럼 살아가자

Ⅰ.

훌륭한 교사가 되기 위하여 그 첫 발을 막 내딛은 대학 새내기로서, 앞으로 어떻게 살아갈 것인가 하는 문제는 매우 중요하다. 나는 많은 수학적 사고 중, '항등원'처럼 살아가고자 한다.

항등원이란 집합에서 모든 원소와 이항연산을 한 결과가 항상 다시 그 원소로 나타내지도록 하는 원소를 뜻한다. 즉 어떠한 집합 G와 이항연산자 $*$가 존재하고, G의 모든 원소 a에 대해서

$$e_1 * a = a, \qquad a * e_2 = a$$

인 G의 원소 e_1와 e_2가 유일하게 존재한다면, 각각 e_1을 연산자 $*$의 좌항등원, e_2를 연산자 $*$의 우항등원이라 하고, 만약 어떤 원소의 좌항등원과 우항등원이 동일할 경우를 항등원이라고 한다.

예를 들면 실수에 있어, $+$연산의 항등원은 0, $\times$연산의 항등원은 1, 혹은 행렬을 생각해 볼 때, $+$연산의 항등원은 영행렬, $\times$연산의 항등원은 단위행렬이라고 생각할 수 있다.

이처럼 어떤 대상이든, 어떤 연산이든 항상 그 결과가 다시 그 원소로 나타나는 이 항등원은 나에게 많은 의미를 부여한다.

식으로 생각해보자. 초심을 'a'라 하고, 내가 하고자 하는 것을 방해하는 모든 것들을 통칭하여 '연산'이라고 가정할 때, 항등원이 있기에 연산의 결과가 b 혹은 c가 되지 않고 a로 고정되는 것이다.

항상 처음에 시작할 때에는 여러 가지 다짐도 하고 계획도 세우지만, 나태해지거나 혹은 외부에 시련, 장애물과 같은 방해물 때문에 포기하거나, 혹은 초심을 변질해 버리는 경우가 비일비재하다. 작심삼일이라는 말이 있듯이 사람이 초심을 유지하기란 대단히 어려운 일이다.

그렇기 때문에 나는 살아가면서 항상 연산 결과를 처음과 같게 해주는 항등원처럼 앞으로의 어려움에 굴복하지 않고 그것을 이겨내어 초심을 잃지 않기 위해 늘 '항등원'과 같은 노력을 게을리하지 않으려 한다.

Ⅱ.

나는 나 자신을 '항등원'이라 표현하였다.

임의의 실수 a가 $a*e=a$가 되도록 하는 e를 항등원이라 한다. 이 때 e는 특정한 연산 $*$에 대해서는 일정한 값을 가진다. 나는 a가 항등원과 만나면 그 결과가 a가 된다는 것보다 특정한 연산에서는 항등원의 값이 변함없이 일정하다는 데에 초점을 두었다.

즉, a를 나의 인생의 여러 경험들, 연산 $*$를 내 인생이라고 한다면, 나의 인생의 연산에서 어떤 시련과 고난이 있을지라도 나 또는 나 자신의 신념은 변하지 않는 다는 뜻에서 나 자신을 '항등원'이라고 표현하였다. 나는 고등학생 때까지만 해도 주체적이지 못했고, 다른 사람들의 시선을 신경쓰면서 행동해왔다. 이 때문에 후회한 적도 많았다. 이에 대학생이 되어서는 내가 옳다고 생각하면 주위의 시선을 신경쓰지 않겠다고 다짐하였고, 지금 그것을 실천하려고 노력하고 있다. 그리고 앞으로도 내가 옳다고 생각하는 한 나의 신념을 따를 것이기 때문에, 변함없음을 의미하는 항등원을 나 자신으로 표현하였다.

Ⅲ.

나는 나 자신을 항등원으로 표현하고 싶다. 수학에서 항등원이라는 것은 임의의 연산에서, 어떤 수에 대하여 연산을 한 결과가 처음의 수와 같도록 만들어주는 수를 말하는데 이런 항등원과 같이 나에게 어떤 힘들고 어려운 일이 생기더라도 항등원과 같이 나의 정해진 목표가 변하지 않도록, 처음과 끝이 항상 같도록 할 수 있는 그런 사람이라고 말하고 싶기 때문이다. 선생님이라는 꿈을 가지고 교육대학교에 입학하게 되었는데 나에게는 오랜 꿈이었다. 10여년 넘게 키워온 꿈이었고 그 꿈을 위해 교육대학교를 입학하기 위해서 열심히 공부해왔다. 하지만 열심히 공부한 만큼 성적이 나오지 않아, 특히 고등학교 때 많이 힘들어 했는데 그 때 역시 꿈을 이루기 위해서 절대로 포기하지 않았다. 성적과 상관없이 꾸준히 공부했고 결국은 다시 수능을 치고 교육대학교에 당당하게 입학하게 되었다. 지금까지 겪어온 일들은 결코 힘들다고 할 수만은 없겠지만 앞으로 더욱더 힘든 고난과 시련이 닥치더라도 지금까지 해왔던 것처럼, 마치 항등원처럼 나의 처음과 끝이 같을 수 있도록 노력하는 사람이 되어야겠다.

내 삶의 방식 $\lim_{n\to\infty}\{1+(-1)^n\}$

나는 나 자신을 $\lim_{n\to\infty}\{1+(-1)^n\}$로 표현하고 싶다. 1을 일반적인 나로 비유하고 −1을 인생을 살아가며 맞는 시련, 고통 작게는 고민거리에 비유해볼 수 있다. 여기서 n을 무한대로 보내는 것은 아주 사소한 고민에서부터 큰 시련까지 생각해볼 때, 삶을 살면서 헤아릴 수 없을 만큼의 위기를 나타내는 것이다. 이 둘을 더하는 것이 살아가는 과정으로 볼 수 있다.

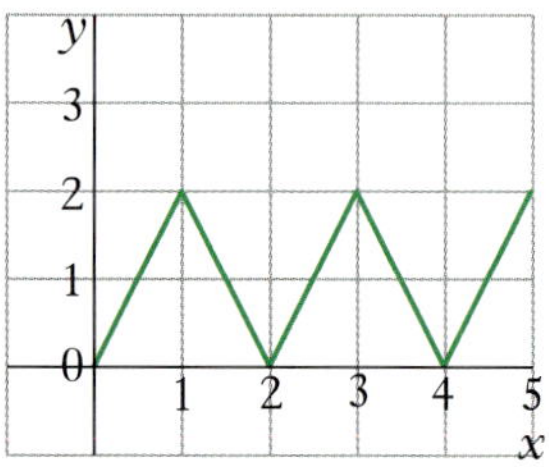

이 식의 그래프를 살펴보면 인생의 오르막길과 내리막길을 표현하고 있다. y축 2는 노력해서 정점에 올랐을 때 행복을 표현하고, 또 아래를 다시 향하는 그래프는 시련기를 의미한다. 하지만 그래프에서 음수는 볼 수 없다. 이는 시련이 삶의 과정이라고 생각하고 어느 방향으로든 나에게 경험이 되고 플러스요인이 될 수 있다고 생각하기 때문이다. n은 무한대로 가기 때문에 그래프는 끝 또한 없다. 나 역시 정지나 이렇다하고 단정 지을 수 없는 가능성을 가진 삶을 살 수 있다고 생각한다. 따라서 나를 $\lim_{n\to\infty}\{1+(-1)^n\}$로 표현하고 싶다.

삶의 목표 $n^a \times \sum_{k=1}^{m} k\,(k>0)$

고등학교 내내 나의 책상에는 이런 글귀가 써져 있었다. '천재는 노력하는 사람을 이길 수 없고, 노력하는 사람은 즐기는 사람을 이길 수 없다.' 그래서 나의 삶의 목표를

$$n^a \times \sum_{k=1}^{m} k\,(k>0)$$

로 표현해 보았다.

n은 내가 살아온 날의 수이고, a는 내가 좋아하고 즐기는 정도, k는 매 순간의 노력으로 두었다. m의 의미를 고민해 보았는데, 내가 사는 날만큼 노력 k가 끝없이 증가할 것이고, 노력은 끝이 없는 것이라고 생각해서 m은 유한한 어떤 숫자는 아니라고 가정한다. 특히 a를 곱하기로 두지 않고 굳이 제곱으로 둔 이유는 그냥 노력하는 것보다는 즐기면서 하는 것이 훨씬 효과가 크기 때문이다. 좋아해서 열심히 하는 것은 정말 즐거운 일이라고 느끼기 때문이다.

내가 나름대로 크게 부여한 의미는 $k>0$이라는 조건인데, 노력이

라는 것은 언제든지 아무리 많이 하더라도 절대 마이너스 작용, 즉 나에게 해롭거나 나의 목표와 멀어지는 것이 아니라, 어떤 방식으로든지 도움이 된다고 생각하기 때문에 이런 조건을 붙였다. 별 것 아닌 것 같지만 k가 노력이라는 의미를 가지고 있기 때문에 이 조건은 반드시 필요하다고 생각한다.

이 식의 결과는 시간이 갈수록 점점 커져서 결국 내가 생각하는 삶의 목표에 도달할 것이라고 믿는다.

10을 7과 3으로 나누는 것과 3과 7로 나누는 것은 과연 같은가?

10이라는 수를 생각하면 7+3이 10이 되는 것과 3+7이 10이 되는 것은 전혀 다르게 보이지 않는다. 내가 만약 사탕을 10개를 가지고 있는데 한 손에는 3개, 다른 한 손에는 7개를 가지고 있다고 해도 다르지 않다.

그러나 사람이 살아가는 데 있어서 대부분의 싸움과 미움의 원인이 바로 3과 7로 나눌 것인가 7과 3으로 나눌 것인가 하는 문제이다. 3과 7로 나누었다면 누구나 7을 가지려 하고 2와 8로 나누어도 당연히 8을 가지려 할 것이다. 1과 9 정도로 나눈다면 상황은 더욱 긴장감이 돌게 된다.

파업과 같은 극단적인 경우도 항상 2나 1 정도에 만족하던 사람들이 (실제로는 1과 비교조차 할 수 없는 작은 수이겠지만) 있던 2나 1마저 잃을지도 모른다는 위기감이 들어서 피를 흘리려 하고 뭉치게 되는 것이다. 8을 가진 사람들은 또한 적게 가진 사람들과 나누기는커녕 더 욕심이 생겨 9를 가지고 싶고, 9를 가지게 되어도 10을 혼자 독차지하고 싶은 마음이 커지는 것이 인간의 마음인 것 같다.

국제 관계를 보아도 오히려 풍족한 나라들이 다른 나라를 약탈하고 괴롭혀 왔으며 그나마 겨우겨우 살아갈 만한 나라들은 그것조차 빼앗기는 상황을 언제나 두려워하며 지내고 있다.

그렇다면 5와 5로 나누면 될 것이 아닌가. 그러나 사람들이 5와 5로 나누는 것은 그다지 즐거운 상황이 아닌가 보다. 항상 많이 가지는 사람과 적게 가지는 사람이 생기게 되니 말이다. 가족들끼리도 연을 끊게 될 만큼 큰 싸움이 일어나는 것도 서로 큰 쪽을 가지려 하기 때문에 생기는 경우가 허다하다. 전국을 시끄럽게 했던 한 여자 연예인의 살빼기 소동의 마무리가 그다지 보기 좋은 모습으로 끝나지 못한 것도 서로 조금이라도 더 가지려 하기 때문인 것 같다.

10을 나누는 것이 아니라 무한히 큰 수를 나눈다면 그래도 싸움이 적게 날 것인데, 인간이 사는 곳에는 10밖에 없으니 부족한 것으로 나누려니 말썽이 생긴다. 10을 더 큰 수로 만들기 위해 인간은 부단히 애써 왔고 지금도 기술의 발달로 곧 그러한 날이 올 것이라고 장담하는 사람들도 있으나 오히려 주어진 10마저 갉아먹고 있다고 말하는 사람들도 있다.

뺄수록 커지는 수치

1+2=3, 3−2=1 … 나중에 교사가 되어 수학이라는 과목에서 저학년의 꼬맹이들과 긴 시간동안 공부하게 될 덧셈, 뺄셈이다. 나도 초등학교 때 선생님이 무지 많은 더하기 숙제, 빼기 숙제를 내주셨던 기억이 난다. 두 자리의 덧셈, 받아올림과 내림이 필요한 가감연산…. “나에게 사과가 두 개 있는데 하나를 친구에게 주었다. 그러면 이제 내가 가진 사과의 개수는 몇 개일까요?” 이러한 문제가 자주 나오는데 이럴 때 ‘빼기’라는 느낌과 상실한다는 느낌이 위와 같은 문제에 적용되어서 빼기를 하면 왠지 손해를 보는 것만 같다라고 은연중에 생각했던 것 같다.

지금 현 시대를 살아가는 우리 대부분이 이렇지 않을까? 내 것을 내놓을 때는 많은 망설임과 그 뒤에 따르는 보상을 크게 기대하며 남의 것은 내 것보다 소중하게 생각하지 않는다. 내 것을 챙길 때에는 여념이 없고 나에게 보탬을 주는(눈에 보이는 물질적인 것) 사람에게는 호의적이 된다. 물론 이런 사람들이 전부는 절대 아니다. 자신보다는 남을 생각하고 그 사람의 입장에서 생각하며 내가 가질 때보다 내가 가진 것을 나누어줄 때 진정한 기쁨을 느끼는 사람들도 많다. 이러한 사람에게는 빛이 난다. 이러한 사람들이 있기에 우리 사회가 아름답고 살고 싶은 세상이 되는 것이 아닐까?

수학적 기호로 '−'는 분명히 적어지는 의미이다. 하지만 '−'도 두 개만 모이면 '+'가 된다. 그리고 우리 사회에서 내 것이 필요한 이들에게 기꺼이 '−'할 수 있다면 뺀 것보다 훨씬 많은 것들이 우리에게 더해질 것이다. 나도 이제부터는 내 것을 꼭 붙들고 있는 맹한 사람이 아니라 함께 나누고 더욱 기쁘게 살아가도록 해야겠다.

나의 마음속에 미지항 X

Ⅰ.

나의 마음속에 미지항 X가 존재한다. 그렇다면 미지항 X는 무엇일까? 방정식에서도 미지항 X를 찾아내려면 많은 계산을 거쳐야 하듯이 우리 인생의 미지항 X란 찾아내기 힘들다. 우리 인생 속의 미지항 X란…. 살아가면서 무지 많은 선택의 기로에 놓인다. 그때마다 많은 변수를 생각하면서 가장 좋은 선택을 해 나가야 한다. 인생이라는 방정식이 항등식이라면 살아가는 인생의 재미가 줄어들 것이다. 방정식의 해답을 찾으려면 복잡한 방법도 있고 간단한 방법 또한 있을 것이다. 과정과 결과는 관계가 없다. 우리 인생의 목표도 찾

아내기란 참 어렵다. 또 찾아내기엔 너무나도 많은 시간이 걸린다. 또 방정식에서도 미지항 X를 급하게 찾으면 틀릴 가능성이 높다. 그렇듯이 우리의 인생에서도 마찬가지다. 우리 인생에서의 선택은 급하게 찾지 말고 천천히 찾아야 한다. 방정식의 검산을 하지 않기 위해서는….

Ⅱ.

인생을 방정식으로 정의하고, 나는 그 방정식에서 미지수인 그 무엇을 고민하고, 찾고 … 수학에서 방정식을 풀어가면서 정답인 X의 해를 찾듯이 그 현실의 방정식에 적절한 해, 후회하지 않는 해가 되도록 노력하면서 살자.

미지수 X로 나타나는 나

Ⅰ.

나를 수학적으로 나타내 보면 분명하게 무엇이라고 말하기는 힘들지만 나는 나를 미지수 X라고 나타내고 싶다. 우리는 초·중·고, 아니 대학교에서 수학을 배울 때 항상 무언가를 구하고자 할 때 미지수 X를 보아왔다. '항상 무언가를 구한다' 참 재미있는 말인 것 같다.

'항상 무언가를 구한다'는 X의 의미에서 나의 인생이 들어있는 것 같다. 아직 많은 나이는 아니지만 그래도 지금까지 항상 무언가를 추구하기 위하여 살아왔다. 그러므로 그러한 추구로 인해 잃은 것도 많고 얻은 것도 많지만 이것은 작은 것에서부터 큰 것까지 모두가 포함되는 것이리라. 어릴 때에는 작은 일상적인 것을 구하고자 노력하였고 그 후 지금까지는 내 인생을 윤택하게 할 수 있는 무엇인가 미지수 X를 찾기 위하여 노력했다는 생각이 든다. 자격증을 따려고 노력하는 것, 아이들을 가르치는 일을 하기 위해 교육대학교에 편입한 일, 이 모두가 내가 인생에서 무언가를 찾으려고 한 것이 아닐까?

아마 앞으로도 이렇게 무언가를 구하려는 일은 반복될 것이다. 무언가를 이루었다고 하더라도 우리는 더 좋은 것을 찾으려고 할 것이다. 비단 이것은 나만의 삶이 아닌 목표를 가진 모든 이에게 적용되는 것이란 생각이 든다. 그리고 미지수 X를 구하듯 우리 삶의 목표를 구하려고 노력하며 살아간다면 후회 없는 삶이 되지 않을까?

방정식이나 부등식에서 미지수는 왜 X일까? 수학문제를 풀다보면 가장 첫 번째 미지수는 X이다. 그 다음에 미지수가 또 나오게 될 때에는 Y, Z 순서대로 나온다. 그렇다면 순서대로 나온다고 생각할 수 있는데 왜 첫 번째 미지수가 X일까 하는 궁금증이 생겼다. 그래서 조사해 보니 처음 X를 사용한 사람은 프랑스의 사상가이며 수학자인 데카르트인데, 프랑스어에는 X가 들어가는 단어가 많다고 한다. 그래서 인쇄소에서는 X의 활자를 여분으로 많이 가지고 있었기 때문에 그렇게 썼다고 한다.

Ⅱ.

나는 나를 미지수 "x"로 표현하고 싶다. 미지수 "x"는 식에 따라 그 값이 달라진다. 이는 "x" 그 자체가 무한한 가능성을 가지고 있다는 말이다. 아직 대학교 1학년인 나는 무한한 가능성을 가지고 있고 그 가능성은 내가 키워갈 내 능력에 달려있다. 앞으로 내가 살아가면서 배우게 될 것, 생각하게 될 것이 미지수 "x"가 포함되어 있는 식이며 내 능력은 미지수 "x"와 식이 어우러진 함수값 "y"가 된다. 내가 노력하는 만큼 내 미지수의 능력치 또한 커지기에 앞으로도 지금처럼 열심히 살아야겠다.

내 인생 방정식의 해는 무엇일까?

수학의 개념에서 보면 방정식과 항등식은 닮은꼴이면서도 그 성질이 완전히 다르다. 방정식은 미지수라는 해를 도출해내기 위한 식이고 항등식은 그 식의 미지수 자리에 어떤 수를 넣어도 항상 등식이 성립한다는 것을 전제로 식의 계수를 풀이하는 한 방법이다.

내 인생을 방정식의 개념으로 보았을 때 나는 몇차 방정식을 취하고 있으며 과연 그 해는 무엇일까? 수학 이론으로 보아도 1차, 2차 방정식의 해는 구하기 쉽지만 3차부터는 2차에 존재하는 근의 공식도 없고 구하기가 어렵다. 아마 인생이란 복잡하고 어려운 것이므로 적어도 3차 이상의 방정식을 취하고 있지 않을까 싶다.

가장 이상적인 인생 방정식은 아마 1차 방정식 형태를 취할 것이다. 그런 사람은 성인 군자가 아닐까 생각해본다. 자기 인생을 살면서 오직 한 가지의 목표가 있는 사람, 속세의 아무 관계에도 얽매이지 않고 자기의 소신을 지켜가면서 묵묵히 인생을 사는 사람일 것 같다. 석가나 예수, 노자, 장자 등의 성인들의 인생 방정식은 1차 방정식일 것이다.

성인이 아닌 나는 인생에서의 목표가 많으므로 고차 방정식 형태를 취하고 있는 것 같다. 고차 방정식으로 갈수록 해를 구하기가 어려운 것을 알지만 앞의 성인들처럼 그렇게는 살아갈 자신이 없는 것도 사실이다.

내 인생의 목표는 먼저 행복하게 사는 것이다. 좋은 딸과 며느리가 되고 싶고, 좋은 아내도 되고 싶고, 좋은 엄마도 되고 싶고, 부자로도 살고 싶고 대충만 나열해 보아도 해가 이렇게 많이 존재하니 내 인생 방정식은 고차 방정식임이 틀림없고 해를 구하기 어려운 게 분명하므로 열심히 살아야 한다는 결론이 나온다. 그리고 많은 욕심으로 인생을 복잡한 방정식으로 밀어넣지 말자는 생각도 든다.

?에서 !로의 여행

나와 수학 ○○○

나를 숫자와 수학기호 중에서 물음표(?)에 연관시켜 보았다.

7-Lucky Seven, 일곱색깔 무지개(희망이 솟아오르는 느낌), 그룹 seven, 하나님이 6일 동안 세상을 창조하고 7일을 창조사역으로부터 안식을 취한다.

1

수의 시작을 뜻한다. 그리고 모든 세상의 시작을 의미한다. 1은 첫 순서를 말한다. 순서를 나타내는 번호는 대개 1부터 시작한다. 어려운 난관에 부딪히면 이 문제해결을 위한 실마리도 첫 번째는 이렇게 하고 두 번째는 이렇게 하는 식으로 생각을 정리한다. 초지일관이란 말도 처음이라는 말의 의미가 있다. 처음이라는 의미가 1로 나타내진 것이다. 1은 최고 제일 으뜸을 의미한다. 나도 나의 인생에 있어 최고 제일 으뜸이 되고 싶다. 1은 하나의 의미와 함께 뭉친다는 의미도 포함되어 있다. "우리는 하나" 이렇게 외치고 노래하는 것은 하나의 의미로 뭉친다는 의미를 나타내어진다. 우리의 소원은 통일, 1은 생성자이다. 수학에서 흔히 가장 기본이 되는 수나 단위를 제너레이터라고 하는 경우가 있다. 1은 아무리 여러 개를 곱해도 1이 되어 우주만물의 근원된 진리를 의미하게 된다. 1은 여러 개를 계속해서 더해 가면 어마어마한 수를 만들게 되고 결국은 모든 수를 만들어 간다. 우주만물을 생성하게 되는 것과 같이 된다. 이 세상에서 넘버 1이 될 때까지 열심히 노력해야겠다.

?

나는 내 자신이 아직 물음표(?)이다. 물음표란 문장의 끝에 쓰여 물음이나 의심을 나타내는 부호이다. 아직 나 자신조차 풀지 못한 의문점을 많이 가지고 있고 다른 사람이 나를 볼 때도 많은 물음표가 생긴 것이다. 지금부터라도 내가 가지고 있는 수많은 ?(물음표)를 내 자신의 땀과 노력으로 !(느낌표)로 만들어야겠다. ?(물음표)가 !(느낌표)가 되는 그날까지 파이팅!

∞와 관련된 삶의 방식

Ⅰ. 좌우명을 수학적으로 만든다면?

"$\infty - \infty = \infty$"라고 하고 싶다. 첫 번째 있는 무한대는 '나'를 지칭하는 것이고 두 번째 무한대는 내가 가진 것이라고 한다면, 일단 나는 교사가 될 것이기 때문에 내가 살아오면서 익힌 많은 것들을 학생들에게 전수해주고 나눠주는 사람이다. 물론 지식은 닳지 않지만, 학생들에게도 배우면서 내안에 많은 것이 넘쳐나서 나는 머릿속과 가슴속에 담은 것들이 ∞로 남는 삶을 살고 싶다는 의미이다.

Ⅱ.

나의 삶의 목표, 나의 교육관을 다음과 같은 식으로 표현해 보았다.

$$1/n = \infty$$

n이 커진다면 $1/n$은 원래는 0으로 가는 것이다. 그러나 이 식에서는 무한대로 간다. 1은 나 자신 또는 내가 가지고 있는 사랑을 의미한다. n은 내가 앞으로 가르칠 아이들의 수를 의미한다. 내가 가지고 있는 사랑을 n명의 아이들에게 나누어 준다는 의미이다. 내가 가르치는 학생들이 많아질수록, 다시 말해 n이 커질수록 나의 작은 사랑인 1이 무한대로 갈 수 있는 그런 교육을 하고 싶다는 의미로 이러한 식을 만들었다. 나의 작은 하나의 사랑이 무한대로 커져서 단순한 지식뿐만 아니라 사랑을 나눌 수 있는 그런 선생님이 되고 싶다.

Ⅲ. $\infty - 1 = 0$

'∞(무한대)'는 나라는 사람의 자체를 의미한다. 내가 가지고 있는 외형적이고, 물질적인 것부터 정신적인 것, 미래에 가지게 될 모든 것들(가능성) 등 태어나서부터 죽음까지 가지게 될 모습을 의미한다. 즉, 나라는 사람 그 자체를 의미하는 것이다. '−1'은 내 모습에서 무엇인가가 사라진다는 의미이다. 그것이 무엇이든 나의 모습에서 나를 표현하는 어떤 것이 없어진다는 의미이다. '=0'은 나의 모습에서 무엇 하나라도 사라진다면 그것은 또 다른 내 모습으로 존재하는 것이 아니라 나라는 모습 자체가 사라진다는 것이다.

개성을 강조하는 현대에서 사실은 그 개성조차 획일화되어가고 있다는 느낌을 받을 때가 많다. 따라서 '$\infty - 1 = 0$'은 남과 비교하여 내 모습을 바꾸고, 내 모습에 만족하지 못하는 개인이 되기보다는 자신에 대한 자신감을 가지고 주체적인 모습을 확립해야 한다는 의미를 담고 있다.

Ⅳ.

나 자신은 '$1 \times \infty = \infty$'처럼 좋은 일이 하나라도 생길 때마다 그것을 다른 사람들과 만들어 그 기쁨을 무한대로 만들고, 타인에게는 '$\lim_{n \to \infty} \frac{1}{n} = 0$'처럼 타인에게 나쁜 일이나 슬픈 일이 생길 때마다 나부터 나서서 그 슬픔을 공유하여 타인의 슬픔이 최대한 0에 가까워 질 수 있을 것이다.

V. **내 삶** $=19+a=\infty$ **또는** 0

나는 지금까지 19년을 살아왔고 죽을 때까지 a만큼 더 산다는 것을 나타낸다.

그리고 19년간의 삶과 나머지 a의 삶을 정말 뜻있게 살아 그 가치가 무한대가 될 수도 있고, 가치가 없게 살아 0이 될 수도 있음을 뜻한다.

Ⅵ. $\infty-1=0$

나에게 돈이 아무리 많고 명예가 높아도 건강이 없으면 나는 존재할 수 없다. ∞는 돈, 명예, 등을 뜻하며 1은 건강을 뜻한다. 따라서 −는 건강을 잃는 것을 뜻하고 0은 내가 존재할 수 없다는 뜻이다.

Ⅶ.

나는 내 삶을 방해하는 것들은 마이너스 무한대로 보내고 내가 원하고 바라는 것들은 플러스 무한대로 보낼 수 있도록 살고 싶다. 그래프를 그려보면 x축을 내 삶의 시간이라고 하면 y축을 내가 원하는 것들, 나의 행복, 스스로에 대한 만족감 긍정적인 마음 등이라고 생각하여 계속 +로 뻗어가고 싶다.

각종 연산과 관련된 단상들

• ?, x, y, z, p, +, −, ×, ÷, = 더불어 사는 나

나를 식으로 표현하면, ?와 사칙연산, 미지수 x, y, z, p로 나타낼 수 있다. 우선 나는 지금의 상태, 나의 모습을 잘 알지 못하고, 나의 한계 역시도 잘 알지 못한다. 그렇기에 나 자신을 '?'로 나타낸다. ∞가 아닌, 무한대가 될 수도 있고, 0이 될 수도 있고, 알 수 없는 현재의 나인 것이다.

미지수 x, y, z, p는 나 자신일 수도 있고, 내가 가진 능력, 마음(내면적인 것)일 수도 있으며, 타인이 가진 능력이나 타인이 나에 대해 가지는 마음일 수도 있다. 이런 미지수 4개는 사칙연산에 의해 하나의 식으로 만들어진다. 사칙연산의 순서는 언제든 변할 수 있다. 나로 인해 혹은 타인으로 인해 좋은 것, 발전적인 것이 더해질 수도, 빼질 수도 있을 테지만 내 삶을 통해, 타인의 삶을 통해 얻을 수 있는 많은 진리와 경험들은 언제나 배가 되고, 또 나눠질 수 있는 것들이 될 것이다.

아직까지는 나의 삶은 이런 것이다. 무엇이라 단언하기에는 내가 살아온 날들이 너무 짧다. 그러나 분명한 것은 물음표에서 시작하여 사칙연산과 미지수 4개가 만들어낸 식의 답이 '더불어 사는 나'가 될 수 있도록 끊임없이 노력하고 나를 닦을 것이다.

• 나는 곱하기(×)가 되고 싶다.

인생을 살아가면서 나의 손길, 나의 관심, 나의 사랑, 나의 격려,

나의 위로가 필요한 사람들을 많이 만나게 되었다. 특히 초등학교 교사로서 자라나는 아이들을 많이 만나게 될 것이다. 이들에게 나의 모든 것을 나누어 주고 싶어도, 나의 능력과 나의 가진 것이 너무나 작아서 모두에게 풍성하게 나눠주지 못할 때도 많을 것이다.

곱하기는 그 숫자의 배가 되는 원리를 가지고 있다. 지금부터 내가 만나게 되는 많은 사람들과 교류 속에 그들이 가지고 있는 정체성과 가능성을 폭발시켜 주는 매개자로서의 내가 되고 싶다. 곱하기가 되어 내가 줄 수 있는 사랑, 열정, 관심, 격려, 위로, 도움의 '배'가 모두에게 전달되어지기를 바란다. 그러기 위해 나를 더 키워가는 삶을 살고 싶다.

풍성하게 나눠줄 수 있어 나도 행복하고, 배가 되어 풍성하게 누릴 수 있게 된 이들도 행복해지는 날을 꿈꾸어 본다. 이러한 과정을 거듭될수록 나누어줄 것이 더 많아지는 것이 내가 주고 싶은 그 무엇들이다.

• 나는 수학적으로 사칙연산 중 +로 나타내고자 한다

지금의 나를 기준으로 하여 내가 겪을 다양한 일들을 더하기하여 삶의 밑거름이 되었으면 한다. 좋지 못한 기억이나 실패한 일들을 빼버리는 것이 아니라 인생의 한 부분으로 더하고 좋은 일도 더하여 삶의 활력이 되었으면 하는 바람으로 더하기로 나타내고 싶다.

• 지금의 나+과거, 현재 미래의 다양한 경험들

이는 나 자신뿐만 아니라 나의 사랑하는 가족들, 나의 주변에 있는 많은 친구들과 나와 얽혀 있는 모든 사람들에게 내가 꼭 필요한 존재가 되어 그들에게 보탬을 줄 수 있는 사람이 되고 싶어서다.

비록 내가 가진 지식이 짧지만 이 지식도 내 주변 사람들이 살아가는 삶에 지혜로 작용하기를 바라고, 내가 가진 가치관도 주변 사람들의 삶의 행로를 결정지을 때 참고가 되길 바라며, 심지어 내가 가진 신체적 체력도 주변 사람들이 힘겨운 일을 수행할 때 도움이 되길 바라는 마음에서 더하기(+)가 되고 싶다.

따라서 이렇게 되기 위해서는 무엇보다 나 자신이 보다 많은 지식을 쌓고 인격과 덕성을 기르며 건강과 체력을 유지하도록 많이 노력해야 할 것이다.

● **연산**(+, −, ×, ÷)**의 존재**

나는 부모님에 의해 태어났다. 그 순간부터 연산은 시작된다. 내가 세상에 던져진 하나의 생명체에 불과하다고 생각되겠지만, 나의 주변에는 벌써 부모님, 형제, 자매 등 가족이 더해져 있다. 이 외에도 내가 성장해 가면서 나의 능력, 신체 사이즈 등이 점점 더해져 간다. 이렇게 조금씩 증가하는 더하기 같은 존재에서 사춘기와 같은 급속한 성장기에는 더하기보다 곱하기 같은 존재로 불어난다. 불어나는 것이 어떤 정신적 능력이든 신체적 성장이든 간에 말이다. 그리고 사랑을 하고 결혼을 하면서 나라는 존재에 나의 인생에 가장 소중한 한 사람이 보태질 것이고, 나의 자녀들 그리고 손자, 손녀들이 더해질 것이다. 하지만 나의 능력, 혹은 나의 주변이 항상 더해져만 가는 행복한 사람만으로 살 수 있을까? 아마도 누구나 더하기 또는 곱하기 같은 증가하는 연산만을 하지는 못할 것이다.

때로는 부모, 형제, 배우자를 잃어야 하는 빼기의 삶이 정신적인 면에서도 어떤 시련 앞에서 무릎을 꿇고 힘들어 하며 빼기를 해야만 한다. 신체적으로 성장을 해가던 나는 언젠가 성장의 단계에서 노화의 단계로, 즉 빼기의 단계로 간다.

그러나 마음과 삶의 자세로는 +, × 인생을 살아야겠다. −, ÷가 되더라도 다시 +, ×로 전환시킬 수 있는 그런 삶을 살아야겠다.

- 1−1=1(1 나누어 주기 1은 1이다).

첫 번째 1은 나를 지칭하는 말이다. 내 이름이 하나이기에, 이름을 대신하는 것으로 1이라고 표현한 것이다.

내가 다른 이에게 한 가지를 주면, 그것이 사라지는 것이 아니라 여전히 준 후에도 그것이 존재한다는 의미이다. 남과 나누었다는 기쁨이 분명 나 자신에게 존재할테니 말이다. 그래서 나는 1 나누어 주기 1은 1이라는 것을 나의 인생의 모토로 생각해보았다.

- **더하거나 빼고 곱하거나 나누어도 변하지 않는 삶을 살자**

- **마이너스 곱하기 마이너스는 플러스**

마이너스 자신을 희생하고 베풀면 결국 자신에게로 이익이 되어 돌아온다.

각종 수식과 관련된 단상들

- $\sqrt{160}+\sqrt{18}+\lim_{n\to\infty}\sum_{k=1}^{n}(1+2+\cdots+n)=1$

나를 하나의 수식으로 나타내었다. $\sqrt{160}$은 더 이상 크지 않는 나의 키를 루트 안에 갇힌 160이라는 숫자로 표현하였고, $\sqrt{18}$은 부모님의 보호 아래 있었던 18년 동안의 세월을 비유하여 표현하였다. 그리고 뒤에 $\lim_{n\to\infty}\sum_{k=1}^{n}(1+2+\cdots+n)$은 1을 현재의 나로 시작하여 끼와 능력과 노력을 통해 선생님이 되며 차곡차곡 경험을 쌓으며 나를 찾고 발견하며, 점차 발전해갈 나의 모습을 더해지는 숫자로 표현하였다. $\lim_{n\to\infty}\sum_{k=1}^{n}(1+2+\cdots+n)$ 식은 결국 ∞라고 말할 수 있는데 이는 무한히 발전할 나의 모습을 대변하는 것이라고 말할 수 있다. 마지막 숫자 1은 이러한 나 자신을 하나의 단위로 표현한 것이다.

- $1+1+1+1+1+1+1+1+1+1+1+1+1+1+1+1+1+1+1+1>20$

나의 인생을 숫자(수식)로 표현하자면

$$1+1+1+1+1+1+1+1+1+1+1+1+1+1+1+1+1+1+1+1>20$$

이다.

내가 이 수식을 택하게 된 이유는 평소에 스무살밖에 안 살아온 게, 스무살밖에 안 되면서라는 식의 이야기를 많이 듣는데, 물론 내가 살아온 인생은 20년이고 사람들은 '너는 스무살의 인생을 살아왔다'고 말하지만, 나는 내가 살아온 한 해 한 해는 40년의 인생을 살고, 60년의 인생을 살아온 사람들보다 더 가치가 있을 수도 있다고 생각하기 때문이다.

• 20!

20! = 1×2× ⋯ ×20

1살 때부터 지금까지 나의 경험, 배움, 역경, 노력들이 곱하고 곱해져서 스무살인 지금의 '나'가 되었기 때문에 나의 인생을 '20!'이라고 표현하였다.

지금의 '나'라는 존재는 과거의 삶이 없었더라면 존재할 수 없고, 지금까지의 경험들이 얽히고설켜 나를 만든 것이다.

지금의 '나' 또한 시간이 지나면 미래의 '나'를 구성할 시기이기 때문에 좋은 경험을 쌓아 미래에 30세, 40세, 50세에는 더 큰 사람이 되도록 노력하면서 살아가야겠다.

• 인생은 채움의 연속

나의 인생은 채움의 연속인 것 같다. 어떤 하나를 채웠다고 생각하면 또 다른 어려움에 직면하곤 했다. 이를 수학적으로 표현한다면 $\lim_{n\to\infty}\frac{1}{n(n+1)}$로 표현할 수 있을 것 같다.

이를 나열하면 $(1-1/2)+(1/2-1/3)+(1/3-1/4)+\cdots+(1/n-1/n+1)+\cdots$가 되는데 첫 번째 항까지의 결과는 1/2, 두 번째 항까지의 결과는 2/3, 세 번째 항까지의 결과는 3/4이 되는데 처음에는 반밖에 나를 채우지 못했지만 시간이 흐를수록 그 채워지는 양은 불어

나 언젠가는 가득 채워지는 그런 이상적인 상태에 도달하고자 하는 그런 상태를 설명하는 식이며, 내 인생 여정의 이정표 역할을 한다.

• 어제의 경험을 바탕으로 더 나은 내일을 창조하자

나의 좌우명은 '어제의 경험을 바탕으로 더 나은 내일을 창조하자'이다. 이것을 수학적으로 표현하자면 '시그마(Σ)를 적극적으로 활용하는 삶을 살자' 정도가 될 듯하다. 시그마는 그리스 문자에서 유래된 기호인데, 합을 뜻하는 기호이다. 예를 들어, $\sum_{k=1}^{10} k$이라는 기호는 1부터 10까지의 합, 즉 55를 뜻하는 기호이다. 시그마는 빼거나 나누지 않고 더해서 더 큰 숫자를 만들어가는 데에 그 의미가 크다. 마찬가지로 나의 인생도 어떤 일에 대해서 실패했다고 해서 그 경험을 버려서는 안 된다. 왜냐하면 실패는 성공의 어머니라는 말도 있듯이, 실패를 바탕으로 더 나은 삶을 구축해 나갈 수 있기 때문이다. 이와 같이, 내가 어떤 일에 대해서 실패를 했든 성공을 했든 그 결과에 연연하지 않고 그러한 과정들을 하나하나 꼼꼼하게 챙겨서 그러한 돈 주고도 살 수 없는 소중한 경험들을 바탕으로 앞으로의 미래를 좀 더 풍성하게 만들어 나갈 수 있는 그러한 의지를 담은 나의 좌우명이 Σ와 일치한다.

• 3+6=1

3+6=1이다. 우리 남편이 좋아하는 수는 6, 내가 좋아하는 수는 3 이런 두 사람이 만나서 1을 좋아하는 우리 딸이 태어났기 때문이다.

• [≠] 의 기호에 대해서 생각해 보기

우리는 일상생활을 살아가면서 다르다와 틀리다를 잘 인식하지 못하고 살아간다. 말을 하다가도 자주 헛나오고는 한다. 살아가면서 타인과 나의 다른 점을(그것이 외적인 것이든 성격의 차이이든 간에) 정말 다른 것으로 받아들이고 살아간다면, 우리들의 삶은 한결 부드러워지지 않을까 하는 생각을 해본다. 다른 사람을 인정하고 더불어 살아가고자 한다.

• 늘 꿈이 있는 삶

내가 살고 싶은 삶은 늘 꿈이 있는, 즉 목표가 있는 삶이다. 늘 꿈을 가지고 살아야만 하루하루에 최선을 다하고 결국 나의 인생 전체를 열심히 살 수 있다. 하루하루 목표도 없이, 꿈도 없이 시간만 흘려보내는 채로 살아간다면 그건 정말 무의미한 인생일 것이다. 이에 나는 나의 삶이 항상 꿈꾸고 그 꿈들을 성취하는 그런 삶이 되도록 할 것이다. 물론, 그 꿈과 목표에 맞게 구체적으로 계획을 세우고 실천하는 것은 당연한 일이다. 수학공식으로 이러한 이야기들을 '$\lim_{n\to\infty} a_n \neq 0$이면 무한급수 $\sum a_n$ 은 발산한다'는 것으로 나타낼 수 있다.

이때, a_n 은 꿈을 의미한다. 고로 꿈이 0에 수렴하지 않는다면(=꿈이 '0'이 아니라면), 꿈들의 무한대의 합들을 무한대로 발산한다(=성취한다) 이렇게 해석할 수 있다. 다소 어렵다는 느낌이 들지도 모르겠지만 이것이 유비추론의 한계인 듯 보인다.

나는 무한대로 꿈꾸고 무한대로 성취하고 싶은 그런 삶을 살고 싶다. 꿈이라는 것이 어떻게 보면 막연하게 느껴질지도 모르겠지만, 나는 꿈을 삶의 목표로 인식하고 있다. 늘 스스로 항상 목표를 가지고 살아가는 삶은 그 마지막에 목표없이 살아가는 남들과는 다른 어떤 차이점이 있을 것이라고 생각한다.

• $\sum_{n=1}^{365} n = \infty$

1부터 365까지를 모두 더하면 무한대가 된다는 수학공식이다. 365는 1년을 뜻하는 것으로 하루하루를 가치 있고 의미 있게 보낸다면 훗날 그 가치는 무한대가 된다는 것이다. 이 공식처럼 대학교에 처음 입학했을 당시의 마음가짐과 나의 목표를 잊지 말고 앞으로 나에게 주어진 나날들을 보람차고 알차게 보내고자 하는 의미에서 이렇게 표현하였다.

• $\lim_{n \to \infty} \frac{1}{n} = 0$

여기서 1은 나 자신이고, n이 보내지는 무한대는 우주이다. 우주 속에서 나의 물질적 존재는 0으로 수렴할 만큼 작다. 그래서 겸손하고 겸허한 삶을 살아가고자 한다.

• $\sum_{n=1}^{\infty} n = \infty$

n의 변화는 시간의 변화를 의미하며, n은 그 시점에서 나의 가치

를 높이기 위한 노력을 의미한다. 또한 이 수식의 결과는 그 시점까지의 존재의 가치를 말해준다. 하루하루 시간이 지남에 따라 첫 번째에 1개를 더했으면 두 번째에는 더 발전한 2개를 더하고, 세 번째에는 그 전보다 더 발전해서 3개를 더하고, 하루하루 그대로가 아닌 더 발전시켜 나의 존재의 가치를 무한대로 가도록 하고 싶다.

위의 식들을 통하여 현재 나의 물질적 존재가 큰 우주에 비하면 0에 수렴하는 존재일 수 있지만, 나는 하루하루 더 많은 노력으로 존재의 가치를 무한대로 만들고 싶어서 이런 수식을 생각해 보았다.

• 나 자신은 '1×무한대=무한대'처럼 좋은 일이 하나라도 생길 때마다 그것을 다른 사람들과 만들어 그 기쁨을 무한대로 만들고, 타인에게는 '$\lim_{n\to\infty}\frac{1}{n}=0$'처럼 타인에게 나쁜 일이나 슬픈 일이 생길 때마다 나부터 나서서 그 슬픔을 공유하여 타인의 슬픔이 최대한 0에 가까워질 수 있을 것이다.

• **나의 존재 영역은** $(0\ ,\ 1]$, $0<x\leq 1$

나는 0과 1 사이의 중간적 인간, 존재하지 않는 것도 아니고, 완벽하게 누군가에게 도움을 주며 꼭 필요한 사람인 것도 아니다. 나의 가치관은 확고하지 않아 타인에게 혼란과 상처를 줄 수도 있는 불안한 존재이다. 현재 나는 좌절과 극복을 반복함으로써 혼란을 겪고 있다. 하지만 1로 나아가려고, 즉 완벽해지려고 무던히도 노력하는 한 개체이다.

- **자신을 수학공식으로 표현**

▶ $\lim\limits_{\triangle \to 0} \frac{A}{|X-I|} = P$

$A =$ 나의 능력, $X =$ 현실

$I =$ 이상, $P =$ 가능성

$\triangle =$ 이상 − 현실
(이상과 현실의 차이)

나의 꿈을 현실로 만들 수 있는 가능성은 나의 노력을 통해 나의 능력을 키움으로써, 또는 이상과 현실의 차이를 좁혀 나감으로써 그 가능성이 점점 커지게 된다. 즉, 나는 나의 삶에서 나의 노력으로 나의 이상과 현실을 점점 좁혀 나감으로써, 나의 꿈을 이상이 아닌 현실로 만들어가는 삶을 살아갈 것이다.

- $\sum\limits_{n=1}^{\infty} \frac{1}{n} = \infty$

이 시그마 공식의 답이 어느 한 수에 수렴한다고 생각하는 사람이 많을 것이다. 1, 1/2, 1/3, 1/4 ……, 1/∞으로 가게 되므로 갈수록 한없이 작은 수가 합해지기 때문에 무한대로는 절대 가지 않는다고 생각하기 때문이다. 하지만 이 공식의 답은 생각과는 반대로 무한대로 발산하게 된다.

이러한 점을 배움이라는 것과 연관지어 생각해 보았다. 우리가 무지의 상태에서 처음 무언가 배우게 될 때에 매우 많은 것을 익힌 것처럼 느껴지게 된다. 하지만 계속 배움을 해나가다 보면 처음 체감했던 느낌보다 점점 줄어드는 것이 일반적이다. 그래서 갈수록 배움에 소홀해지게 된다. 그래서 배움은 중단되고 지식은 어느 한 곳에서 수렴하게 된다. 하지만 초심을 잃지 않고 계속 학문에 정진하게 된다면, 결국에는 위 공식의 뜻처럼 무한한 지식을 얻을 수 있을 것이다.

원과 구로 나타내어지는 삶의 이해들

• n각형($n \to \infty$), 곧 원을 향하여

나는 '증가하는 n각형이다($n \to \infty$).'

나는 무한대로 향하는 n각형이다. 처음 태어났을 때에는 삼각형처럼 모가 많아 혼자서 세상을 굴러갈 수 없어 누군가의 도움을 받아야만 했다. 그때는 모든 것을 부모님이나 주위 어른들의 도움 없이는 할 수 없었다. 하지만 점점 시간이 지나고 자라면서 삼각형에서 사각형으로, 오각형, 육각형으로 점점 날카로운 모가 없어지며 세상을 향해 나아갈 수 있을 것이다. 언젠가는 내가 원에 가까운 모습으로 둥글둥글하게 살아갈 수 있지 않을까?

그 때가 되면 타인과의 관계나 문화나 지식을 습득하는 면에서 주위의 큰 도움을 받지 않더라도 혼자서도 나아갈 수 있게 된다.

• 완전한 원의 완성을 향하여

지금도 스스로가 원에 가깝다고 생각하지는 않는다. 아직도 혼자

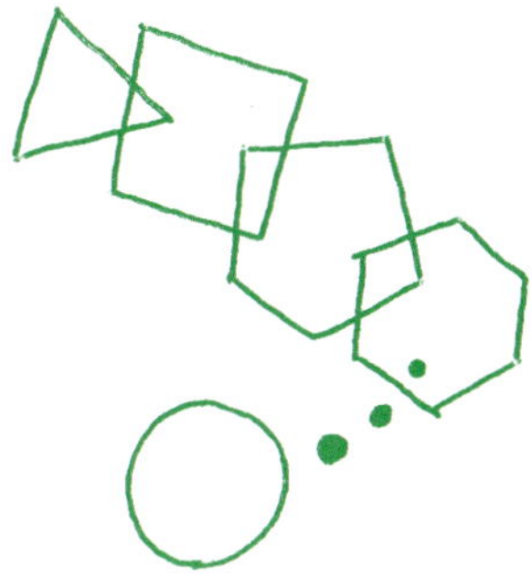

서 모든 것을 해내며 살아갈 수 있을 것 같지는 않다. 현재 내가 생활하는 모습을 되돌아봐도 많이 부족함을 느낀다. 집에서도 아직은 부족한 자식이고, 학교생활에 있어서도 힘든 과제나 인간관계에서 벽에 종종 부딪히는 것 같다. 하지만 이런 과정을 거치면서 20년 후, 30년 후에는 내가 원하는 모습처럼 포용력을 가지고 둥글게 살아 갈 수 있을 것 같다.(물론 그 때도 부족하겠지만..)

- **자기 자신을 수가 아닌 도형으로 표현해본다면?**

먼저 나는 도형 중에서 구와 같다고 생각된다. 구는 동그라미가 입체적으로 된 것이라 보여지는데 어디서든지 굴러가게 된다. 그리고 앞으로만 구르는 것이 아니고 옆으로도 뒤로도 구를 수 있다. 결국 이 모든 것이 나의 성격과 비슷한 것 같다. 성격이 우유부단해서 확실하게 끊고 맺음이 없는데 결국 이런 점이 구와 비슷한 것 같다. 거기다가 나의 삶도 구처럼 그저 여러 가지 길을 만들면서 굴러가는 것 같다.

• **나의 삶은 입체도형(구), 반직선**

정육면체는 아직 다듬어지지 않은 것이라고 보고 청소년기를 막 지난 고등학교 때까지라고 본다. 정육면체는 더 다듬다보면 정육면체가 되는데 고등학교를 졸업하고 대학을 다니다가 현실의 벽에 부딪혀 다시 재수를 결심하고 다시 교대에 들어올 시기까지 힘들던 시기였다. 앞으로의 나는 구(원형)가 되고 싶다. 어느 관점에서나 어느 장소에서나 한결같은 모양의 사람이 되고 싶다.

인생을 살아가며 선택을 해야 하는 순간에 나에게 결정적인 영향을 미치는 것은 내 인생의 좌우명인 '후회하지 말자'이다. 후회할 일은 애초에 선택하지 말아야 된다는 생각을 갖고 살아가고 있기 때문이다. 이것을 수학으로 본다면 반직선 AB로 나타낼 수 있다. 반직선은 한쪽 방향으로 나아가기 때문에 한번 나아가면 다시 뒤돌아보지 않기 때문이다.

• **내 삶은 원주율**

원주율은 그 끝을 알 수 없는데, 나의 인생 자체도 끝이 정해져 있지 않고, 무한한 가능성을 가진 채 열려있다는 의미이다. 또한 원주율은 숫자가 상승하기도 하고 하강하기도 하면서 무한히 반복되는데 이 역시 기쁠 때도 있고 슬플 때도 있는 나의 기복 있는 인생을 잘 보여주는 것 같다.

• **나는 π이다**

원주율 π는 3.14159265353… 으로 소수점 아래 어느 자리에서도 끝나지 않고 무한히 계속되는 무리수이다. 그러나 초등학생에게는 3.14로 하기로 수학적 약속을 해놓기도 했다. 파이처럼 무궁무진한 수를 3.14라 한정짓고 있는 것은 한편으로는 사람의 단면을 비추는 것과도 같다. 3.14 뒤의 무한한 수는 나의 무한한 잠재능력을 나타낸다. 언뜻 보기에는 3.14처럼 한 부분의 성향만 비추어지지만 자세히 파고들면 이런 면도 있고 저런 면도 있고 다양한 면이 잠재되어 있다. 어떠한 면이 있는지 모두 밝혀 낼 수는 없다. 아직도 발휘되지 않고 숨겨져 있는 능력이 있기 때문이다. 따라서 사람의 한 면만을 보고 얘는 어떤 사람이라고 판단하지 말고, 여러 가지 면을 가지고 있는 나로 봐주었으면 한다.

• '동그라미가 되고 싶은 세모'

아직은 모나고 뾰족하고 제멋대로이지만 언젠가는 노력해서 원만한 성격에 세상을 둥글게 보는 눈을 가지고 싶다.

• 큰 원 만들기

누구나 그러하듯, 부모님의 사랑 속에서 나라는 존재가 만들어지고, 원의 중심에서 나의 인생은 시작되었다. 아직은 짧은 인생이긴 하지만 이때까지의 배움과 경험으로 어느 정도 크기의 작은 원으로 자라난 것 같다.

생각해보면 대학교로 진학하기 전까지는 '어떻게 하면 좀 더 완벽한 원의 형태로 만들 수 있을까?'를 배워 왔다면, 이제는 '그 원을 어떻게 하면 더 크게 넓힐 수 있을까?' 하는 고민에 더 충실히 할 수 있는 시기인 듯하다.

어떤 사람은 인생을 빈손으로 왔다가 빈손으로 가는 게 인생이라고 한다. 하지만 인생을 원에 비유한다면 과연 그러한 인생에 있어서 다들 똑같은 원으로만 존재하진 않을 것이다.

내 인생에 있어서 앞으로의 목표나 다짐이 무엇이냐고 묻는다면 좀 더 부지런하게 노력하고, 고민하여, 반지름을 늘리는 것, 그래서 더 큰 원을 만드는 것이다. 그리고 사회에 나가서, 힘이 닿는다면 공부를 하면서도, 그 큰 원으로 다른 이들을 따뜻하게 포용하고, 아이들에게는 또한 그 원이 더 크게 만들 수 있게 도와주고 싶다.

• π는 이 세상에 존재하는 모든 지식체의 총합

모든 지식을 영어 알파벳으로 표현 가능하다고 가정하자. A는 01, B는 02, … Z는 26으로, 즉 모든 문자를 01에서 99까지 표현하고, 이를 계속해서 이어 쓴다 할지라도 어떤 부분에서 시작되는 것으로 대응할 수 있기 때문이다. 무질서 속의 질서, 유한의 세계는 끝없는 무한세계의 부분이라는 의미를 내포한 수이다.

• 정삼각형

정삼각형은 세 변으로 이루어져 있는 삼각형 중에서도 세 변의 길이가 같고, 각의 크기 또한 모두 같다. 그래서 정삼각형의 세 꼭짓점을 지, 덕, 체로 보아 팽팽하고 균형적으로 이루어져 있는 나 자신(정삼각형)의 자질을 생각한다.

풍경 셋

도형과 함수로 나타낸 삶과 좌우명

001

함수와 관련된 단상들

Ⅰ. 함수와 관련지은 삶, $y = x$를 향하여

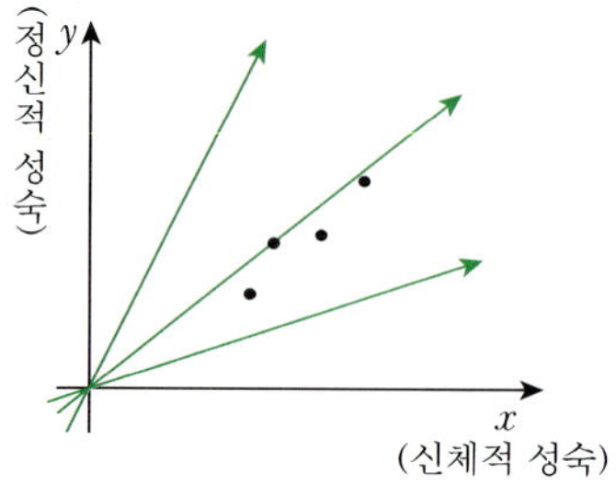

위 그래프에서 x축을 '신체적 성숙'으로 보고 y축을 '정신적 성숙'으로 보자. 아이는 아이다워야 한다, '나이 값을 해라' 등 신체와 정신의 발달이 조화를 이룰 것을 강조하는 말이 많다. 이렇게 신체보다 정신이 너무 성숙해서도($y = 2x$), 신체에 비해 정신의 성숙이 느려서도($y = 1/3x$) 안 된다는 것이다. 가장 이상적인 것은 신체의 성장에 따라 각각의 시기에 이루어야 할 정신적 성숙의 과업을 이루는 것이다($y = x$, $y \fallingdotseq x$).

하지만 나를 표현한 위의 좌표평면에서 보듯이 점은 $y=x$의 점들보다 아래에 있어 x좌표가 y좌표보다 약간은 더 큰 값을 가지고 있다. 이것은 내가 스무살이라는 시간적, 신체적인 성숙만큼 정신적 성숙도 이루어졌는지에 대해 반성을 할 때가 많기 때문이다.

인생을 살아가는 매 순간순간이 위 좌표평면 위의 점으로 표현될 수 있다. 앞으로 나는 힘든 일도 겪고 아프기도 하면서 $y=x$의 그래프에 근접하는 점을 찍을 것이다. 앞으로도 경험한 것들로부터 충분한 정신적 성숙을 이루었는지 항상 반성하며 살고 싶다.

Ⅱ. 내 삶을 수학 한 문장으로 표현한다면 $y=\sqrt{x}$ 이다

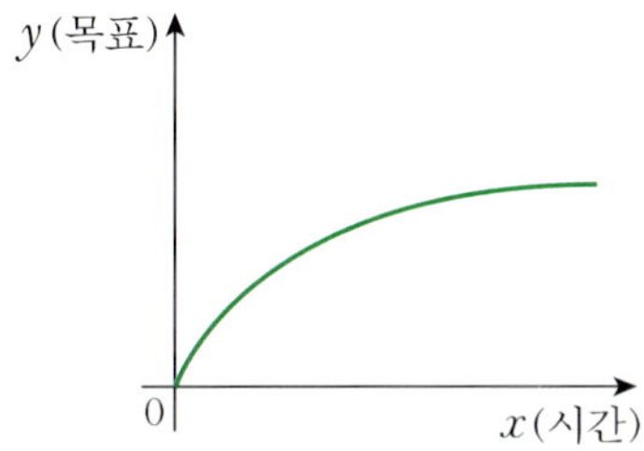

내 삶의 모습을 무리함수 그래프로 표현해 보았다. 끊임없이 목표에 올라가고 있지만 서두르지 않고 꾸준하게 조금씩 앞으로 나아가기 때문이다. 처음에는 가파르게 올라갔지만 그래프의 기울기가 시간이 지날수록 점점 완만해지는 것처럼 나도 주위를 둘러볼 수 있는 여유를 가지며 계속 목표에 근접해 갈 것이다.

Ⅲ. $x = k$

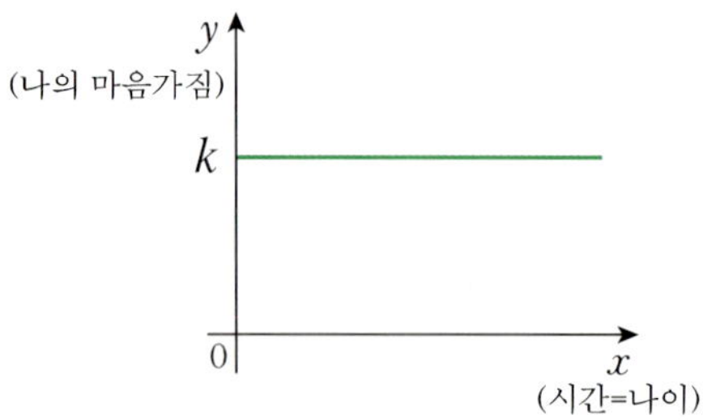

시간이 흘러 나이를 먹어도 한결같은 마음가짐을 가지고 살 것이라는 나의 다짐이다. 단 한번 그래프를 보더라도 이 그래프의 뜻을 알 정도로 간단하다. 허나 보기와는 달리 이 식 그대로의 삶을 살기는 어려울 것이다. 그렇지만 나는 열심히 "$x = k$"라는 식을 마음속에 가지고 살 것이다.

Ⅳ. 증가함수 또는 무한대

'나'를 수학적으로 정의한다면 증가함수 또는 무한대라고 정의하고 싶다. 나는 누구도 예상하지 못한 일을 해낼 수 있고, 이제 갓 스무살이 된 창의력 덩어리이기 때문이다. 그래프 x축을 시간으로 놓고, y축을 발전량으로 놓으면 시간이 지남에 따라서 엄청난 발전을 하는, $y = mx$의 그래프! 게다가 기울기 m의 절댓값이 상상도 못할 정도의 큰 수라면 더욱 좋겠다. 사실, 인생이란 굴곡이 많고 정상에 섰다 싶다가도 어떤 면에서든 떨어지기도 하다가도 다시금 바닥을 치고 올라오기도 하는 것이기 때문에 차라리 sin함수가 인간적이게 느껴지기도 하지만 일단 무한히 발전하고 도약하여 날아오르는 희망찬 모습만 떠올려 나를 증가함수로 표현하였다.

Ⅴ. 함수

내 인생을 수학적으로 표현하자면 '함수'라고 할 수 있을 것 같다. 함수의 종류가 일차함수든, 이차함수든, 어떠한 함수이든지 간에 x값에 어떠한 수를 대입하면 y값이 나오기 마련이다.

x축을 나의 개인적인 노력이라고 두고, y축에 나타나는 값을 노력에 대한 결과라고 둔다면, 나의 노력 여하에 따라 나의 모습이 결정되기 때문에 내 인생을 함수로 표현할 수 있다.

Ⅵ-1. $y=x^2\ (x>0)$

나의 인생을 수학적으로 표현하면 $y=x^2\ (x>0)$이라고 생각한다. 군대에 있을 때 진지보수 작업을 했는데 '저 작업은 도저히 불가능하다'고 생각했지만 결국 마지막에 완성되는 것을 보고 역시 사람의 힘이 위대하다는 것을 깨달았다.

사람의 능력은 무한하고 인생은 끝없는 도전이며, 자기가 하고 싶은 것을 포기하지 않고 끝까지 노력한다면 진정으로 원하는 것을 얻을 수 있기 때문에 $y=x^2\ (x>0)$의 그래프의 성질처럼 양의 방향으로 무한히 뻗어나가는 성질을 이용하여 나의 인생을 표현해 보았다.

VI-2. 또 다른 $y=x^2$

나는 $y=x^2$이다. 아니 어쩌면 $y=x^2$처럼 살고 싶다는 말이 더 적절할는지도 모르겠다.

x는 나의 노력과 시간, 살아가면서 내가 들이는 모든 투자들이고 y는 그로 인해 얻는 것들, 나의 능력, 만들어지는 나이다.

$y=x^2$의 함수처럼 끊임없이 성장하는 인간이 되고 싶다. 물론 살면서 올라갈 때도 있고 내려갈 때도 있겠지만 조금 내려가는 것에 연연해하지 않고, 더 많은 성장을 하는 인간이 되고 싶다. 또한 $y=x^2$의 그래프를 그려보면, 치역이 0에서 무한까지 올라가는데 그 기울기의 크기가 또한 0에서 무한까지 커진다. 처음에는 성장하는 속도가 느리다. 서서히 시작하지만, 점점 그 성장속도가 빨라진다. 처음에는 작지만 나중에 크는 사람, 대기만성(大器晩成)의 사람이 되고픈 바람도 함께 들어 있다.

Ⅶ. $x+y=1$, $2x+2y=2$

위의 방정식을 만족시키는 미지수 x, y의 값은 무수히 많다는 점에 착안해 보자. 나는 단 하나의 말로는 명확하게 규정지을 수 없는 특별한 존재로서 수없이 많은 특징을 가지고 있다. x와 y의 값으로 어떠한 숫자가 온다 하여도 위의 두 식은 성립하게 되므로, 이 식들은 매우 다양한 방법으로 설명되고 규정지어질 수 있는 것이다. 모든 인간의 존재가 그러하듯 나의 존재도 마찬가지이다. 수없이 많은 특징을 가지고 있으면서 어떠한 가능성에도 도전할 수 있는 무궁무진한 존재인 것이다.

Ⅷ. 상수함수 $y=a$

인생을 살아가면서, 우리는 수많은 일을 계획하고 실천한다. 그러한 일을 시작하기에 앞서 마음속으로 자신과의 약속과도 같은 다짐을 한다. 처음 시작할 때의 그 마음가짐, 즉 초심을 잃지 않고 끝까지 일을 해내는 사람은 몇이나 될까? 공부가 되었든 큰 프로젝트가 되었든, 자기 자신과의 약속이든 간에 그것을 이행해갈 때, 어려움에 봉착하고 슬럼프를 겪게 된다. 이렇게 어려움을 겪을 때, 자신의 마음가짐이 초심과 같다면 쉽게 그 고비를 넘길 수 있다. 따라서 나는 상수함수와 같은 마음가짐을 가지고 매순간을 열심히 살고 싶다는 생각을 했다.

상수함수의 x축을 시간으로 설정하고, y축을 처음의 마음가짐이나 다짐으로 설정한다. 상수항수는 어떠한 x값에도 일정한 값을 지니는 함수이다. 따라서 x축의 시간이 지나도 y축의 마음가짐은 항상 일정한 것이다. 어떠한 일을 하고자 할 때, 상수함수처럼 처음과 같은 한결같은 초심을 잃지 않고 가지고 있다면 좋겠다는 의미에서 다음과 같이 표현해 보았다.

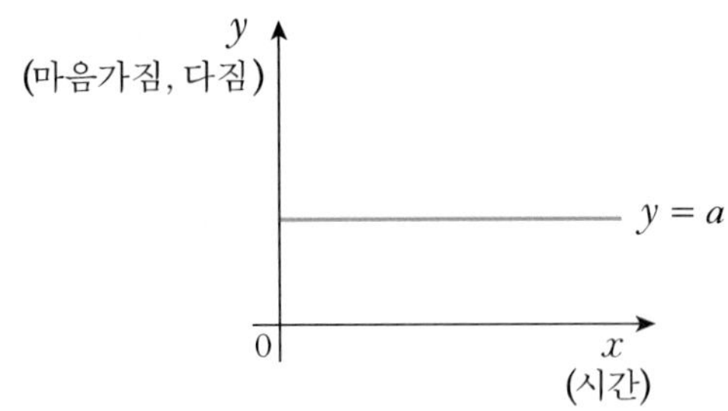

Ⅸ. 진동함수

나 자신을 수학적으로 표현한다면, 나의 기분을 진동하는 형태의 그래프로 잡고 싶다. 진동하는 형태의 그래프의 개형은 매우 많지만, 그 개형은 중요하지 않다. 다만 왔다갔다하는 폭이 큰 그래프이면 된다. 그래프의 x축은 시간이고 y축은 내 기분이다. y축에서 양의 값은 내 기분이 좋을 때이고, 음의 값은 내 기분이 좋지 않을 때이다.

나를 나타내는 많은 값들 중에서 '기분'을 선택한 이유는 하루 동안에도 아무 이유 없이 기분이 오락가락하기 때문이다. 사소한 일 하나에도 기분이 매우 좋았다가 갑자기 기분이 좋아지지 않는 등 내 기분의 변화 때문에 주위 사람들이 힘들어하는 경우가 많다. 앞으로는 이런 점을 개선해서 나의 기분을 폭이 큰 진동하는 형태의 그

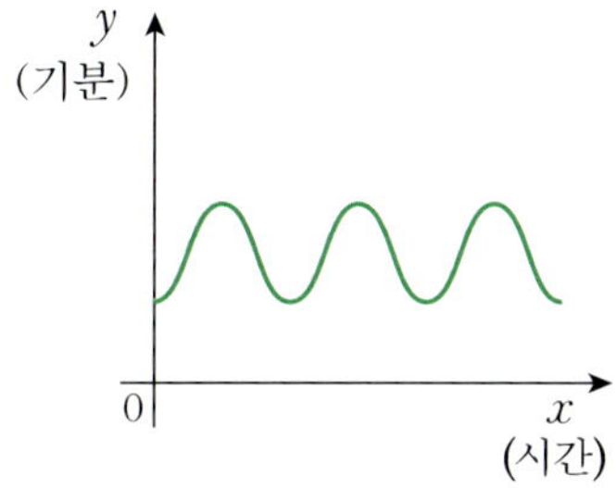

래프에서 0 주위에서 약간씩만 왔다갔다하는 그래프로, 혹은 0으로 수렴하는 그래프의 형태가 되도록 노력할 것이다.

X. $f(x)=\left[\frac{1}{n}x\right]$ (n은 1 이상의 임의의 자연수)

나는 나의 인생을 '가우스'에 비유하고 싶다.

x축은 '다음 단계로 성장하기 전까지의 시간', 즉 시간(=x축)이 짧을수록 그 당시에 노력을 많이 했음을 의미한다. n값은 값이 커질수록 시간(=x축)이 길어진다. 따라서 n은 노력에 반비례하는 값이다. y축, 즉 $f(x)$는 그에 대한 성장을 나타낸다.

나의 인생 그래프에 왜 아래로 향하는 선이 없는지 의문스러울 수도 있다. 나는 인생에서 후퇴, 실패, 좌절 등은 단지 그 순간의 성장이 일시 멈추는 것이지 절대 자신의 성장에 마이너스되는 요인은 아니라고 생각한다. 그 어려운 시기에는 단지 시간이 좀 더 걸릴 뿐이라고 생각한다. 그래서 나의 인생 그래프에는 마이너스가 없다.

그리고 우리들은 종종 어떠한 일을 성취하기 위해 노력을 하는데 그에 대한 결과 또는 성장은 눈에 띄게 나타나지 않는다. 성장은 계속 노력하는 어느 한 일순간에 나도 모르는 사이에 우리 눈앞에 나타난다. 그리고 성장은 절대 그냥 띄엄띄엄 건너가는 경우는 없기 때문에 순차적으로 한 단계 한 단계 올라가는 가우스 그래프를 떠올렸다.

XI. 직선 $y=ax$

수학적 그래프로 자기 자신을 표현한다면 먼저 나의 그래프는 $y=ax$라는 직선의 그래프이다. 내가 생각하기에 인생은 굴곡이 있다지만 결국 그런 것들도 다 성장해가는 과정일 뿐이다. 모든 사람들이 성장하고 결국 그 방향만이 다를 뿐이다. 나에게 여러 고민이 있었지만 이런 것 모두가 나의 내면적 성장일 것이다. a는 기울기인데 다만 성장을 하되 그 속도가 달라서 a라고 두었다. 나의 인생에서 아직까지 고등학교 2학년 시절에서 a가 가장 가파른 듯하다. 그때는 그저 하나의 목표를 가지고 공부만 했었기 때문이다.

XII. 내 인생 시간의 함수

인생 전체를 시간에 따른 함수의 그래프라고 생각하자. 즉 x축을 시간의 흐름이라 보고, y축을 나의 내면적, 외면적 성장 또는 성숙이라 하자. 우리는 시간이 흐르면서 어떤 사건을 겪어가고 문제를 해결해 가면서 좌절하거나 기뻐하고 살아가는 순간순간에 우리 자신에게 도움이 되는 성장을 이룬다고 볼 수 있다. 혹은 시간이 단순히 흐른다고 해서 성장하는 건 아니라고 하지만, 사람에게 있어서 필요

없는 일은 하나도 없다고 믿는다. 성공은 물론 실패나 좌절, 고통이 하나하나의 계단처럼 차곡차곡 쌓여서 지금의 우리를 이루었다. 비록 그 성장 또는 성숙들이 똑같지는 않지만 말이다. 지금 이 순간에도 우리는 더 올바른 방향으로 성장하고 있지 않을까?

XIII. 주체적인 삶을 살자

$y=\frac{1}{|x|}$의 함수에서 나는 (1, 1)의 점에 있고, 내 주변 사람은 (−1, 1)의 점에 있다. 두 점이 시간이 흐를수록 점점 y축에 접근하는 삶을 살고 싶다. 함수값이 점점 커지는 것은, 어제보다 더 나은 오늘을 만들어가고, 오늘보다 더 나은 내일을 기대하면서 노력하여 점점 더 발전하는 상태라고 할 수 있다. 두 점은 같이 발전하면서, 서로 가까워진다. 가까운 사이라고 하더라도 타인과 내가 일치할 수는 없다. 만날 수는 없다고 하더라도, 가까운 곳에서 이해하고 사랑하며 서로에게 좋은 영향을 주고받으면서 함께 발전할 수 있다. 인생에서 나의 성공을 기대하는 가까운 존재가 있고, 또한 내가 곁에서 힘이 되어 주고 싶은 친구가 있다면 그것은 행복이다.

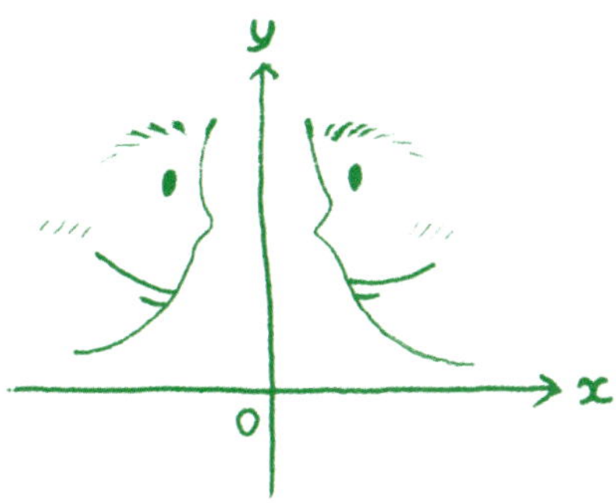

위의 좌표에서 x축과 y축을 포함한 밑의 바탕은 내가 살아가는 환경이다. 그리고 점은 '나 자신'을 가리킨다. 그리고 점이 있는 위치는 내가 있는 위치이다. 내가 지금까지 살아온 삶은 타인과 주변 환경의 영향이 컸다. 그럼으로써 나의 위치가 결정되었다. 즉, 나의 주체적 결정이 큰 역할을 하지 못했다는 것이다. 이 학교에 온 것도 내가 스스로 결정한 것보다는 주변 환경적 요소에 의해 결정된 것이 많은 비중을 차지했다.

하지만 지금부터는 달라질 것이다. 내가 주체적으로 결정하고 추진할 수 있도록 노력할 것이다. 이제는 내가 나의 위치를 결정해야 하는 상황에 있다. 그러기에 나의 주체성이 중요하게 작용해야 할 것이다. 따라서 내가 이 좌표로 설명하고자 하는 나의 좌우명은 '주체적인 삶을 살자'이다. 이 좌우명은 내가 대학 생활을 하고 나중에 교단에 서서 아이들을 가르칠 때도 나의 큰 중심점이 되어 줄 것이다. 수학으로 삶을 표현한다.

원추곡선으로 나타낸 나의 삶

나의 삶을 굳이 수학으로 표현하자면 원추곡선과 같을 것이다. 나는 초등학교, 중학교 시절 학교 구기였던 배구를 했었다. 때문에 학교 수업은 나에게 의미가 없었고, 내가 오직 전념해야 했던 건 배구 하나였다. 중심을 배구로 한 원과 같이 당시의 내 삶은 하루하루 어떤 특별한 사건도 없이 다람쥐 쳇바퀴 돌듯 반복되는 시절을 보냈다.

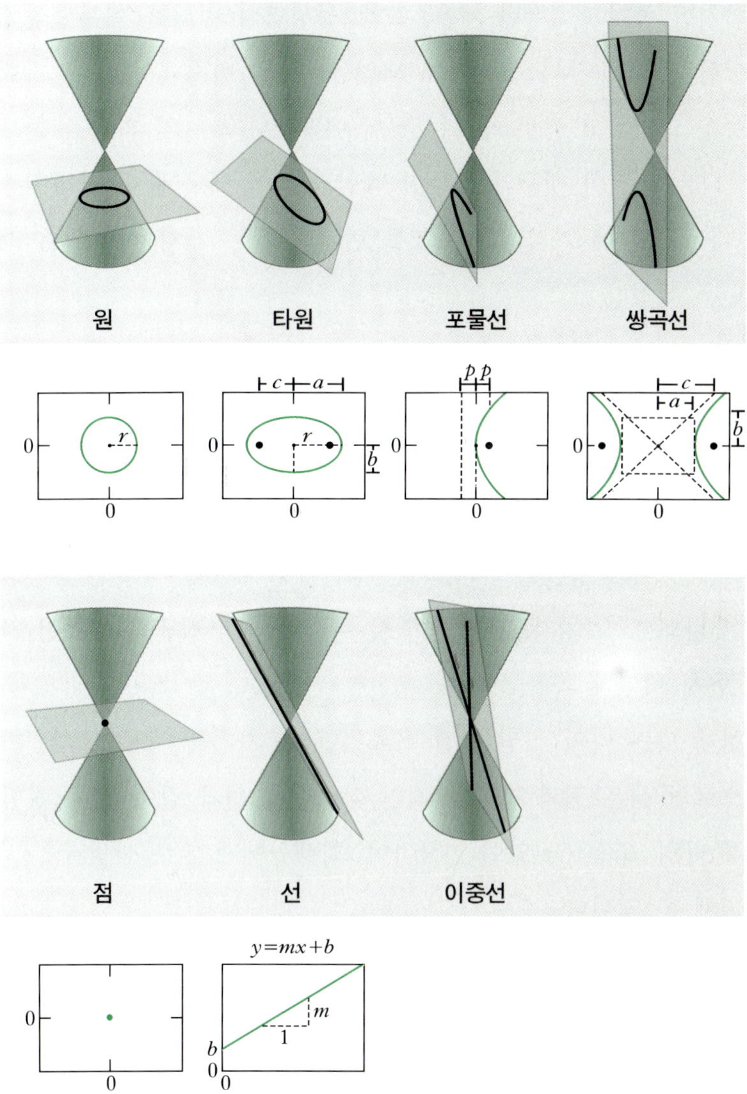

〈원추곡선과 점·선〉

원추곡선은 여러 가지 각도로 자르면 여러 가지 도형이 만들어지며, 대표적인 도형은 위의 사례들이다.

하지만 중학교 2학년 겨울, 교장 선생님의 비리를 학부모들께서 신고한 후 배구부가 없어지게 되었을 때, 아버지께서는 이 기회에 운동을 그만하고 공부 해보는 것이 어떻겠냐고 나의 의사를 물으셨다. 나는 초점이 배구와 공부인 타원과 같이 배구에 더 가까워졌다가 다시 공부에 가까워지는 것을 반복하며 두 가지 사이에서 많은 고민을 했었다.

당시 현재와 같은 프로구단이 아닌 실업팀 체제였던 배구는 전망이 불투명했기에 배구를 포기하는 것을 선택하였다. 그리하여 초점이 배구인 포물선과 같이 배구는 내게서 점점 멀어져가는 듯 했지만 삭막한 공대에서의 3년을 보낸 후, 교대에 입학하면서 Attack Line이라는 동아리 생활을 하며, 나는 점근선이 배구와 공부인 쌍곡선과 같이 나의 두 가지 목표에 날이 갈수록 점점 더 접근하는 그런 기회를 얻게 되었다.

현재 나는 나의 어린 시절 목표였던 두 가지를 모두 달성했기에 앞으로의 삶은 점과 같은 정적인 삶보다는 선과 같이 많은 경험을 통해 나의 지식을 끝없이 연장하여, 학생들에게 좋은 선생님으로 기억되게 할 것이다.

삼각함수로 표현된 삶의 해석

Ⅰ. 3가지 삼각함수

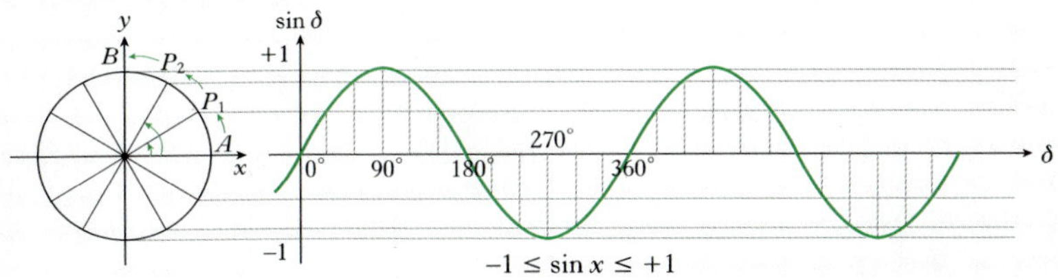

사인곡선

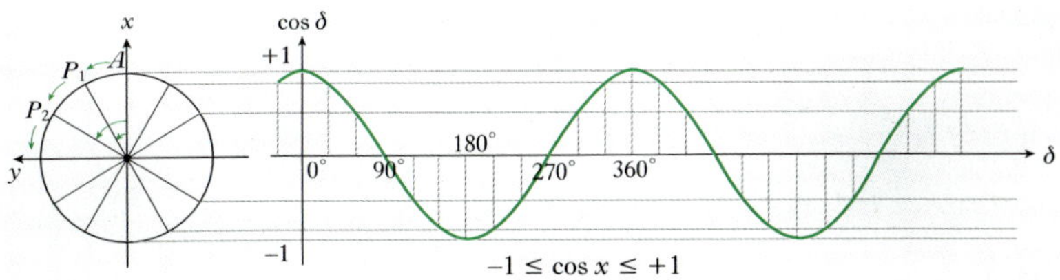

코사인곡선

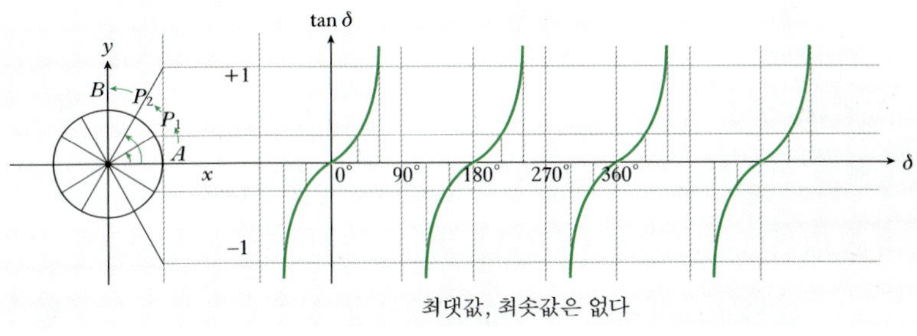

탄젠트곡선

사인그래프와 코사인그래프는 1과 −1 사이에서 주기를 두고 진동하는 그래프이다. 삶을 살아감에 있어서도 x축을 시간이라 두었을 때 우리는 1이라는 성공과 −1이라는 실패를 겪게 된다. 1이라는 성공을 얻었다고 자만하지 않고 −1이라는 실패를 경험했다 하더라도 우리에게는 1이라는 성공이 다시 올 것임을 믿고 노력하는 긍정적인 삶의 모토를 가지자는 의미로 삼각함수그래프를 제시했다. 마지막으로 탄젠트그래프는 나의 무한한 가능성을 나타낸다. x축에 관계없이 탄젠트그래프의 1주기를 두고 끝없이 아래부터 위로 상승하는 그래프, 나의 무한한 상승세와 가능성을 나타내는 삶의 그래프로 볼 수 있다.

Ⅱ. 삼각함수(cos함수) 표현된 삶 [1]

나의 지금까지의 인생을 수학적으로 표현하면 cos인 그래프와 비슷하다.

어릴 적 천진난만하게 놀던 때는 최고조의 +영역점에 있었다. 하지만 슬슬 입시공부를 시작하면서 나의 삶은 점점 −영역으로 치닫고 있었다. 고3 시절 이제 입시가 끝나고 대학에 입학하면 −영역의 최저점을 얼른 찍고 상승곡선을 그릴 줄 알았다. 하지만 수능에서 나의 노력이 수능점수에 비례하지 못한 것이다. (노력+노력≠수능고득점) 그리하여 대학에 입학하고도 −영역의 최저점은 상승할 기세를 보이지 않았다. 그래서 자퇴를 하고 +영역으로의 진입을 위해 다시 공부를 시작하였다. 공부를 하는 중에서도 노력과 수능점수는 x, y, z 등의 변수에 의해 막판에 언제든지 바뀔 수 있다는 것을 명심하고 공부를 하였다. 수능은 〈(노력+노력) x변수(0, 1, 2, 3 ,..)

=수능 쪽박 or 대박〉 식이 성립하는 것 같다. 변수에 따라서 모든 수능의 점수는 뒤집어질 수 있다. 변수가 0이 된다면 노력은 물거품이 되는 것이고 누구보다 효율적으로 공부한다면 변수의 수가 커지면서 노력의 합보다 더 좋은 점수가 나올 수 있다. 그러므로 변수를 높이기 위해서 나는 누구보다 열심히 공부하게 되었다. 현재의 나는 −영역의 최저점을 지나 이제 점점 +영역의 최고점을 향해 상승 중이다.

Ⅲ. 삼각함수(sin함수) 표현된 삶 [1]

$$y = \sin x \ (x > 0)$$

$y = \sin x \ (x > 0)$ 그래프를 그려보면 0에서부터 시작된 그래프가 상승과 하강을 반복하면서 주기함수의 그래프가 그려진다는 것을 알 수 있다. 이 때 0을 '출생', 1을 '행복한 시기', −1을 '불행한 시기'로 각각 대신 생각하면 이것은 한 사람의 인생을 보여준 것과 같다.

나를 포함한 사람이면 누구나 행복한 날들로 가득 찬, 혹은 불행한 날들로 가득 찬 인생을 살지 않는다. 행복한 때가 절정에 이른 뒤에는 자연스레 불행이 찾아오고, 또 그 불행이 극에 달해 바닥을 친 시점에서는 후에 반드시 웃게 될 행복한 때가 다시 찾아온다.

하지만 사람들은 종종 이 사실을 잊곤 한다. 지금 누리고 있는 행복한 날이 언제고 계속될 거라는 착각에 빠져, 다음에 올 불행에 당혹해하고, 인정하려 들지 않는 경우도 있다. 또 극단적인 경우는 그 불행의 시기를 못 이겨 삶을 포기해버리는 큰 실수를 저지르기도 한다.

현재의 행복에, 불행에 의연해지자. 현재가 행복하다고 해서 담에 올 불행을 외면하지 말고 준비하고, 담담해지자. 이것이 내 삶의 좌우명이다.

Ⅳ. 삼각함수(sin함수) 표현된 삶 [2]

태어나서부터 지금까지의 내 인생을 사인그래프로 표현하고 싶다. y축은 내가 될 수 있는 최댓값인데 사인그래프에서 y축은 최대 1을 넘지 못한다. 인간은 나 하나, 그 이하도 그 이상도 아니라는 의미에서 연결시켜 보았다. x축은 각수들의 끝자리 0을 살짝 떼어놓고 보면 지금까지 내 인생에서 긍정적이든 부정적이든 유의미했던 시기의 나이와도 유사하다. 360°, 즉 36세 나는 0, 바로 아무것도 없는 완전 처음에서 다시 시작한다. 사인그래프가 그러하듯이 지금까지처럼 앞으로의 시간 속에서도 내 삶은 계속 부침을 거듭할 것이다. 그러나 그것을 두려워 말고 당당히 받아들이고 씩씩하게 살아가자.

Ⅴ. 삼각함수(sin함수) 표현된 삶 [3]

나의 인생을 사인그래프로 생각해 보았다. 사인그래프는 1이라는 최고점과 −1이라는 최저점을 주기적으로 반복하면서 계속 나아가는 그래프이다. x축을 내 인생의 길이라고 두고, y축을 인생에 있어 내게 일어날 수 있는 일이라고 둔다면 1은 내가 가장 기쁠 때이고 −1은 내게 좋지 못한 일이라고 할 수 있다. 사인그래프가 주기적으로 반복되듯이 내게 있어 인생의 좋지 못한 일과 좋은 일이 반복되지만 나는 좋지 못한 일이 일어났을 때 곧 좋은 일이 일어날 수 있다는 긍정적인 생각을 가지고 살아가는 것이 나의 좌우명이다. 그래서 내 인생을 사인그래프로 생각했다.

Ⅵ. 삼각함수(sin함수) **표현된 삶** [4]

인생은 사인그래프라고 생각한다. 살면서 우리는 여러 일을 겪는다. 그것이 나에게 행복을 가져다주는 일일 수도 있고 빨리 잊어버리고 싶은 일일 수도 있다. 하지만 어떤 일이건 간에 그것은 내 인생에 한 순간일 뿐이다. 하강이 있으면 상승도 있다. 최저값이 있으면 최고값도 존재한다.

이런 마음을 항상 가지고 있다면 무슨 일이 닥치든지 현명하게 행동할 수 있으리라 생각한다. 쉽게 즐거워졌다가 쉽게 사그라드는 것은 진정으로 행복한 삶이 아니라고 생각한다. 세상 많은 일들 앞에서 마음의 평화를 잃지 않는다는 것은 참 중요한 것 같다. 그만큼 내가 인생을 사는 데에 있어서 자신감을 가지고 있다는 말이기 때문이다.

그렇다고 다음에 무슨 일이 일어날지 항상 고민하면서 살겠다는 말은 아니다. 기쁜 일이 있을 때는 마음껏 기뻐하고 슬픈 일이 있을 때는 마음껏 슬퍼할 줄 아는, 그런 삶이 되고 싶다. 그런 일들이 모이고 모여 나를 강하게 만들며, 그것들로 인해서 내 삶이 풍부해 질 수 있기 때문이다. 그래프를 멀리서 봤을 때 하나의 굵다란 줄로 보이는 이유도 같은 맥락의 이야기가 아닐까 싶다. 다양한 경험을 통해서 굵은 삶을 만들어 나가고 싶다.

002

도형으로 나타낸 삶과 좌우명

한 붓 그리기로 나타낸 나의 삶

나를 수학적으로 표현한다면? 나는 한붓그리기로 나타낼 수 있다고 생각한다.

홀수점이 2개인 도형

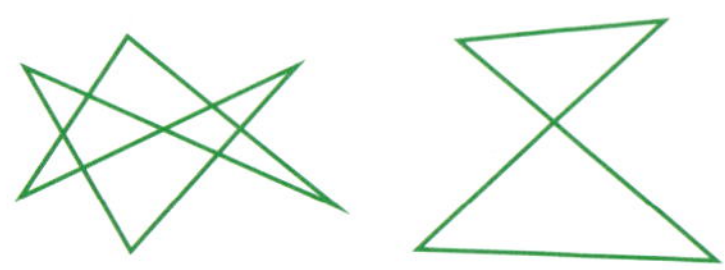

홀수점이 없는 도형

한붓그리기는 꼭짓점과 변으로 이루어진 도형에서, 연필을 떼지 않고 같은 꼭짓점은 2번 이상 지나가도 되지만, 어떠한 변도 한번만 지나도록 그 도형을 그리는 것을 말한다. 꼭짓점과 변으로 이루어진 도형에서 한 꼭짓점에 연결된 변의 개수가 짝수이면 그 꼭짓점을 짝수점, 홀수이면 홀수점이라고 하는데, 한붓그리기가 가능하려면 홀수점의 개수가 1개 또는 2개일 때만 가능하다.

우선 나의 인생을 복잡하게 엉켜있는 길이라고 생각해 본다면, 나의 인생에서 아주 중요한 한 획을 그을 큰 길도 있을 것이고, 또 작은 길도 있을 것이다. 인생은 선택의 연속이다. 한 점에서 여러 가지 길로 이어질 수도 있을 것이고, 부드러운 곡선으로, 인생의 전환점이 되는 꺾어진 선도 나올 수 있을 것이다. 그러나 나의 삶은 처음 출생이라는 한 점에서 출발하여 결국 죽음이라는 한 점에서 끝나고 말 것이다. 그 두 점을 어떻게 이어가느냐가 나의 인생을 어떻게 보냈느냐를 말해줄 것이다. 또한 이것을 한붓그리기에 대응시켜 본다면 그 중에서도 나는 홀수점이 없는 도형을 한붓그리기 하는 것이라고 생각한다. 비록 삶의 과정은 복잡한 길을 걸어가고 있더라도 결국은 원점으로 돌아가는 것이 인생이라고 생각한다. 無에서 有로, 有에서 無로 돌아가는 것. 그것이 인생의 영원한 논리가 아닐까? 나의 인생도 그러할 것이다.

그리고 어렵고 꼬여 있는 듯 보이는 인생도, 결국은 하나의 논리에 의해서 엮어지는 것이라고 생각한다. 즉, 나의 본질을 꿰뚫을 수 있는 어떤 원리가 존재하며, 그것을 안다면 나의 인생도 한 단계 더 올라서게 될 것이다. 2차원에서 3차원으로, 더 고차원적인 삶을 살게 할 궁극의 원리…. 그것을 찾아 떠나는 길이 나의 인생….

또 만약 잘못된 길로 접어들었을 때 언제든지 원점으로 다시 돌아가 새로운 한붓그리기를 할 수 있는 것, 그것은 채우기 위해 비울 수 있는 진정한 용기와도 같은 것이다. 물론 지금의 내가 그런 용기를 가진 것은 아니지만, 나에겐 아직도 길은 드넓게 펼쳐져 있다. 끝이 없는 길은 세상에 없다. 마지막 순간에 후회없이 처음으로 돌아가기 위해, 나는 그 끝을 향해 쉬지 않고 걸어갈 것이다. 그리고 만약 허락이 된다면 그 원점에서 새로운 한붓그리기를 그릴, 세상 어딘가의 누군가로 태어나겠지.

컴퍼스 인생

I.

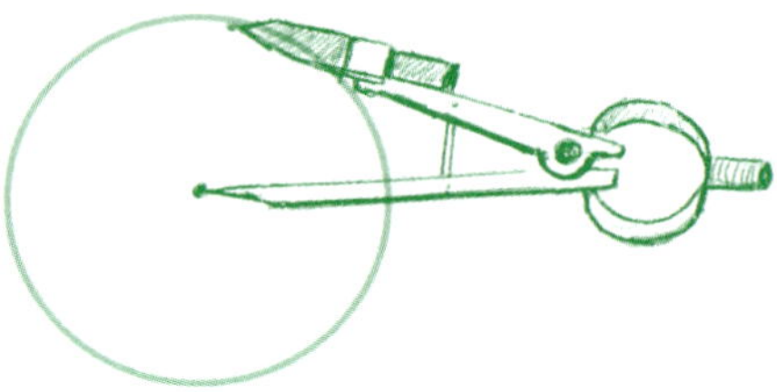

하나의 원을 그리는 컴퍼스를 자신에 비유하고 싶다. 컴퍼스의 안 바퀴가 중심을 잘 지지해야 아름다운 원을 그릴 수 있듯이 중심이 든든한 사람이고 싶다. 자신의 희망과 꿈을 향하여 열정을 가지고 임할 수 있는 자세, 늘 그렇게 살아왔듯이 하루하루 최선을 다하는 나의 삶이 되고 싶다.

또한 숫자 0과 같은 존재이고 싶다. 비어있는 것 같지만 가득찬 것 같고, 많은 것을 그린 것보다 더 큰 의미로 다가오는 흰 캔버스처럼, 0은 비어있는 것 같지만 결코 그렇지 않고 가득차 있다. 가득찬 것 같지만 비어있는 것이 0이다. 또한 0과 같이 자신을 비워줄 수 있는 존재, 늘 바쁜 삶 가운데서도 여유를 가질 수 있는 마음을 가지고 싶다. 눈앞의 삶에 급급한 우리네 삶 속에 작은 일상 속에서도 타인을 배려할 수 있는 여유를 가졌으면 좋겠다.

Ⅱ.

나 자신을 수학적으로 나타낸다면 동그라미라고 말하고 싶다. 개인적으로 '중용'이라는 단어를 좋아하고 철학적으로도 중용을 좋아하는 편이라 지나치는 것도 싫어하고 모자라는 것도 싫어한다. 남보다 잘난척하는 것도 싫어하고 남보다 못한 것도 싫어한다. 다른 사람 위에 있는 것도 싫어하고 남 밑에 있는 것 또한 싫어한다. 남에게 상처를 주는 것도 싫어하고 남으로부터 상처받는 것 또한 싫어한다. 이 세상을 그저 두루두루 둥글둥글하게 살고 싶은 마음이다.

원이라면 구심점에서 일정한 거리에 바깥 테두리가 차지한다. 항상 더하는 것도 덜 하는 것도 없이 일정한 반지름만을 가진다. 세상이란, 세상 사람이란 그리 잘난 사람도 그리 못난 사람도 없는 것 같다. 각자가 다 소중하고 각자가 다 개성이 있으며 행복을 추구하고 나름의 의미를 가지고 살아가고 있다. 겉으로 보이는 것이 달라 보여도 안은 모두들 가능성이 있는 사람들이고 모두들 각자 자신만의 보물을 지니고 있다. 이렇듯 중용적인 삶을 좋아하는 나 자신은 도형 중에서 동그라미가 제일 중용적인 나 자신의 철학적인 사고를 잘 설명하는 것 같다.

나는 점이다

수많은 수학적 표현 중에서 '점'이라는 수학적 요소를 선택한 이유는 말 그대로 '나'라는 존재는 이 넓고 넓은 우주 전체에서 봤을 때 마치 샤프로 콕 찌른 듯한 단지 하나의 점에 불과하기 때문이다. 아니, 오히려 점이라는 것이 나에게는 과분할 정도로 나는 그 이하의 미물일지도 모른다. 내가 과연 지금까지, 또 지금 현재 점만큼이라도 나의 구실을 다하고 있는지, 또 그 반대로 오히려 원이 되기 위해 욕심을 부리고 있지는 않은지 의문스럽다.

어떻게 보면 점이라는 것이 우주 전체의 미세한 존재에 불과하지만 사고를 역전해 보면, 점이라는 것 즉, '나'라는 존재는 우주 전체를 포함하고 있다고도 생각할 수 있다. 성리학에서 말하는 '수신제가치국평천하'와 같이…. 그러나 내가 생각하는 '점'은 그렇게 고차원적인 의미가 아니라 단순히 '점'은 '점'을 의미할 뿐이다.

가끔 특히, 요즘 나를 돌아보고 생각할 겨를도 없이 시간에 쫓겨 급급하게 일을 마무리한 후 느끼는 공허함을 달래기 위해서라도 일부러 시간을 내어 나를 돌이켜보곤 한다. 과연 나는 점으로서의 삶을 제대로 살고 있을까? 모자라지 않을까? 혹여 넘치는 것은 아닐까? 혹자는 모자라는 것은 부정인 것으로 보일지 몰라도 넘치는 것은 오히려 좋은 것이 아닌가 하고 되물을 수도 있다. 나는 '중용'이라는 단어를 굉장히 좋아하고 항상 중용을 지키려고 노력한다. 넘친다는 것은 욕심이다.

"하면 된다."라는 말이 있는데, 나는 이 말에 절대적으로 동의하지는 않는다. 무조건 하면 되는 것이 아니라 어느 정도는 개인의 능력이 바탕이 되어야 한다고 생각하기 때문이다. 그렇다고 송충이는 솔잎만 먹고 살라는 말도 아니다. 예전에는 분수에 맞게 살라는 이 말이 무척 듣기 싫었는데 요즘에는 어느 정도 이해가 된다. 욕심이 아니라 삶의 의욕을 가지고 나의 능력 안에서 최선을 다하는 삶을 살고 싶다. 또 그렇게 하면 반드시 좋은 결과가 오리라는 것도 나는 이제 안다. 그래서 더 이상 조급하게 생각하지 않을 것이다.

요즘 부쩍 욕심을 내고 조급해하는 나의 모습을 자주 발견한다. 그럴 때마다 나 자신을 꾸짖지만 아직도 나는 턱없이 부족하다. 나는 이 우주 속에서 점이라는 사실을 망각한 채 때로는 겸손하지 못하고 때로는 자신감이 없는 삶을 살고 있는 것 같다. 환경에 영향을 적게 받고 내 의지에 의한 한결같은 삶을 살고 싶다. 이번 주말은 반드시 집에 내려가서 나를 돌이켜 보는 여유를 가져야겠다. 마음을 비우자.

평행선으로 보는 세상

내가 만났고 만나고 만날 사람은 나와 평행선을 긋는 사람은 아니다. 무심코 일차 직선의 세 가지 꼴들에 대해 생각해 보았다. 두 일차 직선은 한 점에서 만나거나 평행하거나 일치하는 셋 중에서 한 가지를 꼭 취한다. 이것을 나의 인간관계의 인연론으로 한번 풀어보려고 한다.

세상에는 수없이 많은 사람이 있다. 그 사람들은 각자의 삶을 가지고 생활하고 있고 각기 다른 생각을 가지고 있을 것이다. 이런 많은 사람들 중에는 나와 인연이 닿은 사람들이 있다. 나를 잘 아는 친구일 수도 있을 것이고 잘은 모르지만 이번같이 수업을 통해 만나는 교수님도 있을 수 있을 것이고 많은 인연이 있어 한 가족으로 수십년을 같은 집에서 살아가는 사람도 있을 것이다.

나는 각자가 각기 자기의 직선을 가지고 있다고 생각해 보았을 때 나와 한 번이라도 만난 사람들은 한 점에서 만나거나 일치하는 사람들일 것이라는 생각과 동시에 내가 이 세상에 있다는 사실조차 모르는 무수한 사람들은 나와 기울기가 동일한 평행선을 긋고 있지 않을까 생각해 봤다. 물론 이것은 내 나름대로 각자가 일차 직선의 형태만 가지고 있을 때만을 생각했다.

나는 많은 사람들을 알고 싶고 만나고 싶다. 그래서 나와 기울기가 동일해서 평생 동안 모르고 지내는 사람보다는 한 번이라도 만날 수 있는 사람이 많아졌으면 하는 바람이다. 나와 평행선을 긋는 사람이 갈수록 줄었으면 하고, 한번이라도 교점이 있던 사람에게는 더 잘해야겠다는 생각을 하면서 수학일기를 부족하지만 끝내려고 한다.

수학일기를 쓰면서 힘도 많이 들었지만 수학을 나와 연관시켜서 생각하니까 한편으로는 참 재미있는 글쓰기였던 것도 같다. 이런 일기 형식의 글은 익숙지 않아서 좀 헤매기는 했지만 다 쓰고나니 뿌듯하다.

이런 수학일기를 아이들에게 쓰게 하면 일상에서 접할 수 있는 수학을 느낄 수 있어서 수학을 더 좋아하게 될 것 같다. 훗날 교사가 되어 학교현장에 나가면 이런 방법으로 수학을 재미있는 방법으로 아이들에게 접근시켜야겠다.

내 주위의 사람들이 닮은 도형

오늘은 내 주위 사람들을 도형으로 한 번 생각해 보기로 했다. 과연 어떤 도형이 될까? 생각에 앞서 기대가 되면서 주위 사람을 한 사람씩 떠올려 본다.

우선 아빠를 생각해 본다. 듬직하시고 경상도 특유의 무뚝뚝함을 가지고 계시지만 속에는 따뜻함이 느껴지는 우리 아빠는 사각기둥으로 생각한다. 아무래도 남자니까 겉으로는 강인한 모습을 보여 주시지만 속은 언제나 부드러운 뭔가로 가득차 있는 분이니까 그렇게 나는 생각하련다.

다음은 우리 엄마이다. 겉모습이나 속모습이나 내가 보면 너무나 여린 것 같은 우리 엄마는 그래도 엄마 특유의 강인함이 있어 든든한 기둥 이미지가 있다. 그러므로 우리 엄마는 아빠와도 잘 어울릴 수 있는 원기둥으로 한다.

우리 집 동생은 어떤 도형일까? 먼저 우리 집 장남은 사각형이고 우리 집 막내는 삼각형으로 분류하련다. 성격이 너무나 차이나는 두 형제이다. 성격도 무던하고 어딘지 모르게 듬직하고 화도 잘 내지 않고 부탁도 잘 들어주고 예의도 바른 우리 집 장남은 사각형 이미지이지만, 그와는 성격이 극과 극인 우리 집 막내는 삼각형이다. 자신에게 조금이라도 싫은 말을 하면 뾰족한 그 부분으로 화를 내듯이 덤비고 가족들보다는 자기를 먼저 챙기는 막내는 삼각형에 가깝다.

그럼 난 어떤 도형일까? 솔직히 말하면 나는 원이 되고 싶다. 어디에서든지 그 둥근 이미지로 좋은 인상을 주고 중심에서 원주까지의 길이가 어떤 곳에서도 일정하듯이 내 주위의 어떤 곳에서도 똑같이 좋은 평가를 받는 그런 사람이 되고 싶은데 아직은 먼 것 같다. 모난 부분도 많아서 한 정육각형쯤으로 결론을 내리면 되겠고 지금 한없이 원이 되고 싶어서 각을 쪼개어가는 과정을 거치고 있다.

간단히 우리 가족만을 살펴보았는데 진짜 살다보면 많은 도형의 사람들과 만나게 되는 것 같다. 어떤 도형이든지 그 도형 나름대로의 특성이 있듯이 사람에게도 그런 것 같다. 내가 삼각형의 단점을 많이 나열했지만 그 삼각형도 특유의 장점이 있는 것처럼 사람들도 그렇게 바라보고 존중해주는 것이 중요할 것이다.

반구체물 단계에 있는 나

"인생을 구체물·반구체물·기호의 세 단계로 나누고 추상화 과정을 자신에 대한 성찰 과정이라고 본다면, 나는 '반구체물' 단계에 있다."

구체물에서 기호로 나아가는 단계가 인생을 너무 단순화시키는 방향으로 유도하는 것이 아닌가 하는 의구심이 생기기 쉬운데, 그 속

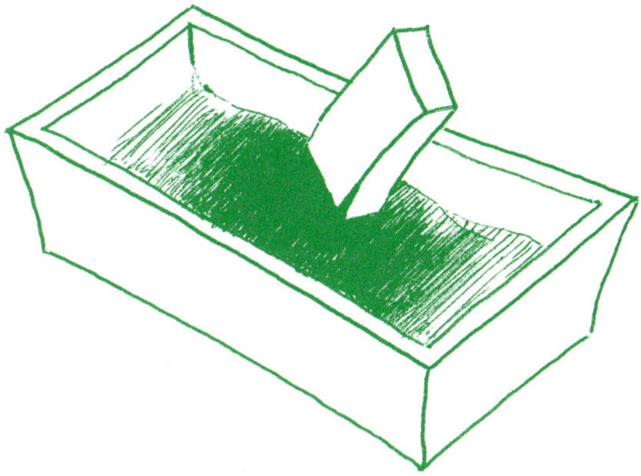

성이나 내포적 의미를 생각한다면 결코 단순하다고 할 수 없을 것이다. 여기서 기호는 구체물, 즉 보다 어리고 철없던 시절의 경험을 한곳으로 어우르는 함축적 개념인 것이다. 기호 단계에 이르면 비로소 삶의 깨달음 같은 것을 얻게 되고, 이는 시간이나 다른 사람과의 관계를 떠나 인생을 살아가면서 느끼게 되는 생각들을 두루 포함한다. 인생에 대한 사색 없이 하루하루를 보내던 구체물 시기를 벗어나 기호를 얻어내기 위해 무엇인가를 갈구하는 과정이 반구체물 단계인 것이다.

인생에 있어서 후퇴란 없다. 외길이며 다시는 돌아올 수 없는 단방향의 길을 걸어가고 있을 뿐이라고 생각한다. 물에 먹을 갈면 갈수록 줄어들지만, 먹물은 진해진다. 마찬가지로 우리에게 주어진 시간은, 흐르면 흐를수록 살아갈 날은 줄어들지만 그 사람의 생각들은 더욱 깊어지게 한다.

세상에 완벽한 사람이 있을까? 아마 없을 것이다. 하지만 의식을 가지고 있는 사람과 없는 사람은 완벽한 사람으로 나아가는데 큰 차이가 있다고 본다. 항상 의식을 하고 자신이 좀 더 진리의 길에 도달할 수 있도록 하는데 매진한다면, 아마도 깨달음이 하나씩 하나씩 쌓여 자신이 존재를 발견하게 되고 자아주체성과 자기만의 인생을 살아가는 멋진 스타일을 갖게 될 것이다. 이러한 단계를 구체물, 반구체물, 기호로 비유해 보았다. 마치 수많은 구체물로서의 네모난 모양을 아무 생각 없이 바라보다가 하나의 모양, 즉 반구체물 단계로 나아가게 된다. 여기에서 같은 네모 묶음으로 구체물을 아우르며 인식하게 되고, 이를 '네모'(기호)라고 특정 짓게 되면 기호단계에 이르는 것이다. 마지막의 기호에서 구체물, 반구체물이 하나로 묶이게 되는 논리이다. 물론 논리적으로 보면 이것으로 나를 나타내고, 인생을 나타내기는 힘들 것 같다. 단지 작은 범위나마 비유하자면 그렇다는 것이다. 어떠한 진리의 길에 깨달음의 길에서 정진하고 노력하면 누구나 기호가 될 수 있다고 생각한다.

어쩌다 보니 나 자신보다는 인생이라는 포괄적인 의미에서 수학적 기호를 사용해 비유한 것 같다. 하지만 이 과제를 해봄으로써 인생에 대해 짧게나마 생각할 수 있었고, 다른 친구들이 다양하게 자기 자신을 수학기호로 표현하고 발표하는 모습을 보고, '아, 수학기호로 자신을 나타내는 방법이 이렇게나 다양하고 기발하구나.' 하는 생각을 하게 되었다.

평행선으로 표현되는 나

____

⇨ 세상을 살아가는 진리, 지혜, 규칙이나 원칙, 올바름

____

⇨ "나"

위의 선을 마주보며, 항상 인식하며 벗어나지도 않고, 그렇다고 그에 완전히 일치하여 살아가고 싶은 마음도 없는, 그저 세상이 정해놓은 규범 속에서 마주보며 살아가고 싶다.

직선으로 표현되는 나

Ⅰ.

나를 수학적으로 표현을 하자면, 나는 '직선'이라고 할 수 있다. 직선은 절대 굽어가지 않으며, 목표점을 향해 곧게 뻗어나가는 선이다. 그런 직선의 성질은 나를 참 많이 닮았다. 나는 융통성이나 창의성이 없다는 말을 자주 듣는다. 대부분의 사람들이 그러하다고 생각하고 가는 길이라면 나는 그것을 따르는 경우가 많다. 대범하지 못하여 정해진 길 이외에는 잘 가려하지 않으며, 정해진 길 이외의 길에는 두려움을 느껴 내딛지 못한다.

하지만 '직선적'인 성격이 반드시 나쁜 것만은 아니다. 왜냐하면

나는 내가 어떤 목표를 정하게 되면, 그 목표를 도달하기 위해 구불구불한 선처럼 돌아가는 것이 아니라 직선처럼 끊임없이 노력하고 곧장 달려 나간다. 쉼이나 일탈이 없이 한결같이 내가 맡은 일들을 수행해 나감으로써 목표를 성취해낸다. 그리고 나의 능력을 최대한으로 발휘하여 내가 가고자 하는 곳에 되도록 빨리 도달하도록 한다.

이유가 적절한지는 잘 모르겠지만, 이러한 여러 측면에서 나는 나를 표현할 수 있는 수학적 표현을 '직선'이라고 적어보았다.

Ⅱ.

계속 뻗어나가는 직선처럼 살자. 지금의 현실에 안주하여 발전을 위한 노력 없이 산다면 나의 인생은 어느 시점에서 멈춰버리는, 더 이상 나아가지 않는 선분의 형태가 될 것이다. 하지만 더 나은 미래를 위해 부단히 노력하고 부지런히 살게 되면 계속 발전하는 방향으로 나의 삶이 풍요로워질 것이다.

원의 접선과 반지름의 철학

> 인간관계의 신뢰는 원의 접선에서 시작하여,
> 원의 반지름이 커질수록, 그 신뢰의 깊이가 깊어진다.

원과 직선의 관계는 한 점 혹은, 두 점에서 만나거나 만나지 않는 경우가 있다. 이를 인간관계로 표현할 수 있다.

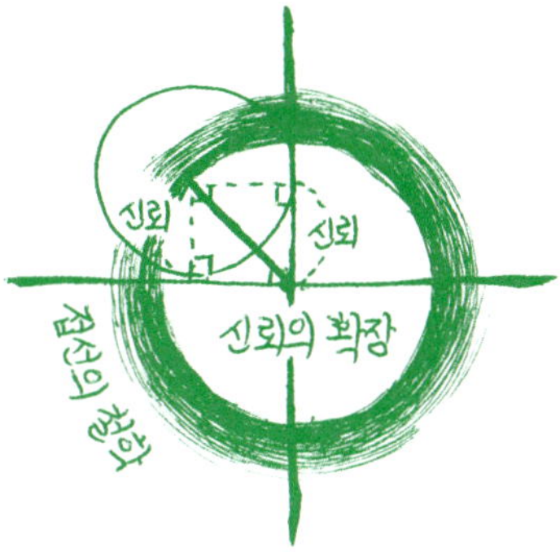

원과 만나지 않는 직선은 나와 무관심한 사람들이거나 한번쯤 스쳐갈 수 있는 사람들이다. 또 원과 두 점에서 만나는 직선들은 그을 때마다 제각각이거나 현의 길이가 다른 경우가 발생하는데, 이는 서로의 갈등이 발생한 것이다.

하지만 원에 그은 접선의 경우는, 접선을 긋기 위해서 주의가 좀 필요하지만, 일단 긋고 나면 인간관계의 신뢰가 시작되는 것이다. 원에 그은 접선과 원의 중심은 항상 수직을 이루고 원의 접점과 원의 중심까지의 거리는 항상 반지름이 됨을 알 수 있다. 이것은 바로 변하지 않는 인간관계의 신뢰가 바탕이 되는 것이다. 원 밖에 직선을 그었다면 '무관심'을 의미한다. 하지만 원에 그은 직선의 경우에서는 무뚝뚝한 면이 있을지라도, 무관심하지 않은 관심과 배려가 숨어 있는 것이다. 말하지 않아도 통하는 끈끈한 무언가를 의미할 수도 있다.

이러한 성질을 가진 원의 접선은 탄탄한 신뢰를 바탕으로 인간관계를 형성하고 계속해서 신뢰를 바탕으로 한 인간관계를 맺게 된다. 신뢰는 여기서 그치지 않고 또 다른 신뢰로 발전할 수도 있다. 수많은 인간관계를 바탕으로 접선을 그어나가면, 원의 중심각이 직각이 되도록 두 접선을 그을 수 있고, 이러한 두 접선은 정사각형을 창조한다. 이것은 한번 제대로 형성된 신뢰는 잘 무너지지 않으며 오히려 더 큰 신뢰를 형성함을 의미한다. 무수히 많은 접선을 그어나가면, 무수히 많은 정사각형이 형성된다.

이러한 정사각형에서 중심각과 마주보는 각의 점을 연결하면 또 하나의 원 반지름이 만들어진다. 이렇게 만들어진 원은 이전의 원보다는 반지름이 더 커졌음을 알 수 있다. 그만큼 인간관계의 신뢰가 쌓이고 쌓여 깊어진 것이다.

몇 년 후 교사가 되었을 때를 생각하며 나는 '접선의 철학'을 유지할 것을 다짐해본다. 학생과 교사로서의 만남도 우리 주위에서 찾아볼 수 있는 흔하디흔한 인간관계인 것이다. 학생들과 접선의 관계를 유지하기 위하여 힘은 들겠지만, 부단히 노력하여 접선의 성질처럼 일정한 관계를 유지하고 반듯한 교사로서 학생들에게 모범이 될 것이다. 이러한 관계가 유지하여 무수한 접선들로 이루어진 완전한 정사각형을 형성하여 그 대각선이 또 다른 원을 그릴 수 있도록 학생들과 두터운 사제 간의 관계를 맺고 싶다.

각도와 인생

오늘 수학시간에 시각과 시간에 대해 배웠다. 시계를 보면, 어떤 한 각에서 시침과 분침의 길이가 시작점에서 가까울수록 초침과 분침 사이의 길이(호의 길이)는 짧고, 시침과 분침의 길이가 시작점에서 멀어질수록 초침과 분침 사이의 길이(호의 길이)는 크다.

시계를 볼 때마다, 아니면, 갈라진 나뭇가지를 볼 때마다 그런 생각이 든다.

> "내가 지금까지 살아오면서
> 내가 가고자 한 길을 제대로 가고 있는 것일까?"

때로는 기회가 닿지 않았다고, 때로는 시기가 좋지 않다는 이유로 이렇게 저렇게 미루다 보면 어느새 내가 가고자 하는 길과는 이만큼의 거리가 생겨버린다.

처음엔, 에잇! 이 정도야! 지금은 곤란하니까, 나중에 하지 뭐…. 하고 돌이키기를 미루다 보면, 작은 각이 반지름의 길이가 길어질수록 호의 길이가 길어지듯, 되돌아가기에는 너무 멀리 와버린 경우가 종종 있다.

원하는 선에서 1° 정도 벗어난 선에서는 처음에는 큰 차이를 느끼지 못할지 모르지만, 선을 따라 정신없이 가다가 어느 순간 뒤를 돌아보면 아찔한 생각이 든다. 내가 맞다고 생각한 길이, 이만큼이나 어긋나 있을 줄이야…. 식은땀이 흐른다.

내가 지금 교대에 다니고 있는 것도 마찬가지라는 생각이 든다. 고3때 나는 교대에 들어오고 싶었다. 그러나 보기 좋게 떨어졌었고, 후기로 ○○대학교 공과대학에 붙었다. 후기는 그냥 한번 내보는 것이었고, 재수를 생각했었으나, 막상 붙고 나니 마음이 달라졌다. 그다지 넉넉하지 않은 집안살림과 또다시 수험생이라는 지긋지긋한 생활을 시작해야 한다는 생각들…. '이 길이 아닌데' 하면서도 그 대학에 다니게 되었다. 학교에 다니면서부터는 정신이 없었다. 새로운 생활들, 선배들, 친구들 모든 것이 낯설면서 재미있고 즐거웠다. 그러다가 문득, '내가 가고자 하는 길은 이 길이 아닌데' 하는 생각이 나곤 했지만, 휴학할 용기가 없었던 나는 마음 속의 외침들을 외면해 버렸다. 그렇게 학교를 졸업하고 다행히 어렵지 않게 회사에 취직을 했다. 내가 일한 곳은 연구소였는데, 나름대로 의미있고 즐거운 일이었다. 너무나도 좋은 사람들을 알게 되었고, 사회생활에 대한 단맛과 쓴맛을 조금씩 맛보았다.

처음 발령을 받고는 1년간은 정신이 없었다. 새로운 일과 사람들. 나를 둘러싼 모든 것들이 마냥 신기하고 재미있어서 내가 가고 있는 길이 맞는지 뒤돌아볼 생각을 하지 못했다. 그리고 1년이 지나고, 차

츰 나를 찾기 시작했다. 내가 정말 가고자 하는 길이 무엇이었는가를….

한참을 망설인 끝에 4년여의 직장생활을 접고 재수를 결심했다. 더 이상 미루다가는 영원히 돌아갈 수 없을 것 같다는 생각이 들었다. 마음의 결단을 내린 것이다.

지금 이 자리에까지, 참으로 많이 돌아왔다는 생각을 한다. 많은 시간이 지났기에 돌아오는 데는 더 많은 용기와 노력이 필요했다. 대학교 1학년 때 재수를 했었더라면 아마 더 쉽게 이곳을 졸업하고 지금은 학교현장에서 아이들과 함께 생활하고 있을 것이다.

작게 생각한 각도가 10여년이라는 시간과 함께 돌아오는 데는 더 많은 용기와 노력과 희생이 필요했다. 그러나 후회하지는 않는다. 돌아오는 동안의 시간 속에서 나는 소중한 많은 사람들을 알게 되었고, 그 사람들 덕분에 지금의 내가 된 것이라 생각한다. 단 한 가지 아쉬운 점이 있다면 결혼이 많이 늦어졌다는 것이다.

'뫼비우스의 띠'로 나타낸 삶

뫼비우스의 띠는 누구나 한번쯤 만들어봤을 것이다. 좁고 긴 직사각형 종이를 180°(한 번) 꼬아서 끝을 붙인 면과 동일한 위상기하학적 성질을 가지는 곡면으로 독일의 수학자 A.F.뫼비우스가 처음으로 제시하였기 때문에 뫼비우스의 띠라고 한다.

한번 꼬았기 때문에 만약 뫼비우스의 띠를 사람이 걷는다고 생각

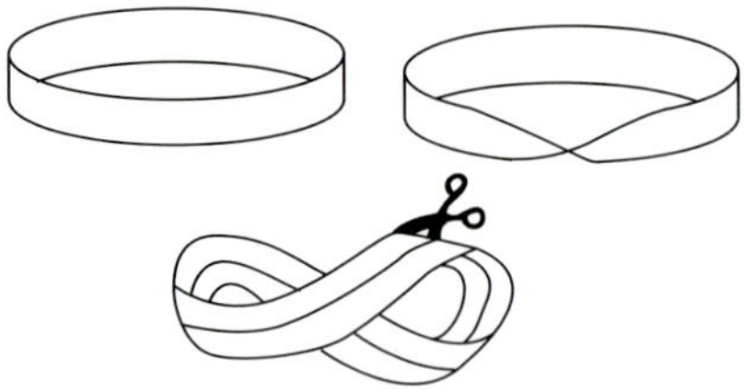

해보면 안과 밖을 모두 걸을 수 있다. 우리 자신도 뫼비우스의 띠처럼 밖으로 밖으로 나가는 것처럼 보이지만 결국은 나 자신으로 돌아오는 것이다.

수학적인 '클라인 병(Klein bottle)'으로 나타낸 삶

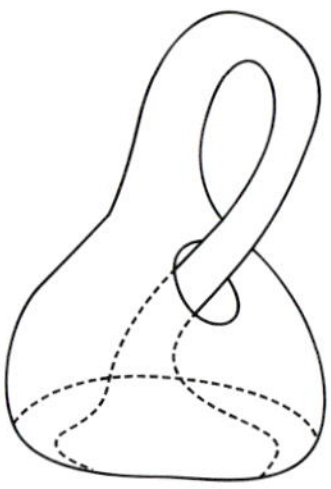

수학에서 클라인 병 또는 클라인 대롱은 뫼비우스의 띠를 닫아 만든 2차원 평면으로, 방향을 정할 수 없다. 즉 안과 바깥의 구별이 없기 때문에 클라인 병을 따라가다 보면 뒷면으로 갈 수 있다. 2차원의 방향을 정할 수 없는 평면으로는 이외에도 뫼비우스의 띠와 사영평면이 있다고 할 수 있다. 이 병은 안이 곧 밖이고 밖인 곧 안이기 때문에 막힌 세계가 아니다. 우리 자신도 막혀 있어서는 안 된다. 항상 열린 마음으로 사람들을 대하고, 교사로서 아이들을 대해야 한다. 마음이 막혀있다면 선생님으로서도 빵점이고, 친구로서도 빵점이고, 애인으로서도 빵점이고 사회구성원으로서도 빵점이 된다. 클라인 병처럼 항상 열려있는 마음을 가지자.

뫼비우스의 띠 1

뫼비우스의 띠는 직사각형의 띠 모양의 종이를 한번 꼬아서, 즉 180° 회전시켜서 끝과 끝을 연결했을 때 생기는 곡면이다. 이렇게 만들어진 띠는 면이 한 개밖에 없다. 직사각형은 2차원 도형이지만 이를 한번 꼬아서 만들어진 뫼비우스의 띠는 3차원 도형인 것이다. 이렇게 뫼비우스의 띠는 앞면과 뒷면의 구별이 없고 좌우의 방향을 정할 수 없는 독특한 성질이 있다. 다시 말해 이 곡면은 안팎의 구별이 없는 곡면(단측면)이며, 또 왼쪽으로 도는 것과 오른쪽으로 도는 것의 구별이 없는 곡면(방향이 정해져 있지 않는 곡면)으로 이런 공간에서는 안팎과 좌우의 방향은 없게 되는 것이다.

우선 나를 나타내기 위하여 뫼비우스의 띠를 떠올린 것은 내가 어디서, 또 무엇으로부터 비롯되었는지, 그리고 어디로 가게 될 것인지 아무도 알 수 없다는 점에서 그 처음과 마지막을 정할 수 없는 뫼비우스의 띠와 같다는 생각을 하게 되었다. 뫼비우스의 띠는 예상과 어긋나는 현상이 일어나기도 하는데, 이를테면 뫼비우스의 띠를 중앙선을 따라 잘라도 계속 하나로 이어지며, 그 상태에서 또 다시 중앙선을 따라 자르면 2개로 분리되나, 그것들은 서로 얽힌 상태가 된다. 이와 같은 뫼비우스의 띠가 가지는 성질은 삶의 행로가 일정하게 정해져 있는 것이 아니라, 나에게 닥칠 앞으로의 상황에 대한 예측이 어려운 경우가 많기 때문에 쉽게 방황하게 되는 모습과 닮은 점이 있는 것 같다. 그리고 그 끝은 알 수 없지만 인생은 한 걸음 한 걸음 내딛는 여행과 같기에 일정한 위치, 방향 없이 곡선으로 흘러

가는 자유로움 또한 뫼비우스의 띠와 닮은 모습이 아닐까 하는 생각이다.

한편으로는 나에게 무한한 가능성이 있는 더 넓은 공간, 세상이 열려 있음에도 불구하고 늘 정해진 자리에서만 맴도는, 다소 생산적이지 못한 나의 반복적 일상의 모습을 뫼비우스의 띠에서도 볼 수 있는 것 같다. 그 띠 위에서 움직이는 나는 쉽게 띠에서 벗어나지 못하고 계속 그 위에서만 안착하려 하면서 내 앞에 펼쳐져 있는 더 넓은 공간을 보려 하지 않는다는 것이다. 내가 어디서 온 것인지, 또 어디로 갈 것인지 알 수는 없다 해도, 중요한 것은 현실의 나이기보다 넓은 세상으로 눈을 돌리고 스스로의 족쇄에서 벗어나 행복을 찾을 필요가 있겠다는 생각을 해볼 수 있었다. 한 곡면 위에 나 자신을 한정시키지 말고 무한히 열려 있는 공간 속에서 나의 길을 만들어나가야 하겠다.

뫼비우스의 띠 2

알 수 없는 미래에 대한 불안감, 항상 바쁘지만 손에는 쥐어지는 것이 없는 허탈감, 이로 인해 진작 소중한 것을 잃고 있는 건 아닐까 하는 두려움 등으로 인해 부쩍 마음이 무겁고 초라하다. 여기서 내가 어떤지, 무엇을 지향하며 사는지 되돌아본다는 것이 새롭다. 내가 내가 아닌듯한 느낌, 이게 내가 원하던 상황이 아닌데 하는 느낌, 이것이 '뫼비우스의 띠'를 연상하게 한다.

뫼비우스의 띠란 '평면인 종이를 길쭉한 직사각형으로 오린 뒤 한 번 꼬아 양끝을 붙여 만드는 안과 겉을 구별할 수 없는 곡면'으로 정의된다. 그랬다. 꼬였다는 게 핵심이 아니고 안과 겉을 구분할 수 없다는 것이 중요했다. 모든 사물은 안과 겉이 구별되고, 안은 안이고 밖은 밖일 수밖에 없는 것이 공간에서는 상식이었는데 이러한 고정관념을 깬 신기한 발견이었다.

그렇다. 내 삶이 꼬인 것이 아닐 것이라는 어떤 희망이 보인다. 나의 안과 밖은 다른 게 아니다. 나는 나인 것이다. 나는 모순과 혼란을 끌어안고 산 것이 아니라 내가 되기 위해 나의 안과 밖이 끊임없이 교류하여 나를 존재하게 하고 있었던 것이다. 나의 불안은 더 나은 앞날을 위한 몸부림이고, 더 강해지기 위한 연습인 것이다. 사물과 상황을 정확히 올바르게 이해하자. 한결같고, 뫼비우스의 띠처럼 살아 보자. 잘라도 끊어지지 않는 생명력으로 내 심정을 지키며 살아보자. 고맙다. 뫼비우스의 띠여.

내 마음 속의
수학 풍경

풍경 넷

수학적으로 삶 소개하기

내 마음 속의 수학 풍경

001
수학적으로 삶 소개하기

나를 수학적으로 소개하기 1

Ⅰ. 의미상의 표현

나를 수학으로 표현함에 있어서 수식에 의미를 부여해서 표현해 보면, $\sqrt{1}\times\sqrt{1}=1$로 나타낼 수 있다.

왜냐하면 나(1)를 둘러싸고 있는 유전적인 요인($\sqrt{\ }$)에도 불구하고 나는 나로 거듭날 뿐이고, 또 다른 내면적 나(1)를 둘러싸고 있는 환경적인 요인($\sqrt{\ }$)에도 불구하고 나는 나로 거듭날 수밖에 없다.

하나의 요인들에 둘러싸여 있는 나(1)와 또 다른 요인들에 둘러싸여 있는 (1)가 계속적으로 곱해져도 나는 나 자신일 뿐이기 때문이다.

$$\sqrt{1}\times\sqrt{1}=1$$

Ⅱ. 제곱근의 성질

제곱근은 제곱하여 a가 되는 수를 a의 제곱근이라 한다. 실수 a와 자연수 n에 대하여 $X^{n}=a$를 만족시키는 X가 존재할 때, 이것을 a의 n제곱근이라고 하고, $n=2$일 경우를 제곱근이라고 한다. 양의 실수로서 a의 n제곱근이 되는 것을 $\sqrt[n]{a}$으로 나타낸다. $\sqrt{\ }$를 근호(根號) 또는 루트라 하며, 근호의 왼쪽 어깨에 쓴 자연수 n을 근지수(根指數)라고 한다. 제곱근의 경우는 근지수를 생략한다. 또 a의 제곱근의 범위는 $a>0$이면 절댓값이 양·음의 두 수가 존재하며, 그 중 양인 것을 $\sqrt{a}$, 음인 것을 $-\sqrt{a}$로 나타낸다. 즉, a의 제곱근은 $\pm\sqrt{a}$이다. $a=0$이면 a의 제곱근은 0뿐이다. $a<0$일 때에는 a의 제곱근은 2개 있지만 모두 허수(虛數)이다. 일반적으로 $a \geq 0$일 때 $\sqrt{a} \geq 0$이므로 임의의 실수(實數) a에 대하여 성립한다. $\sqrt{a}$를 구하는 것을 제곱근 풀이라고 한다. 제곱근 풀이법은 아르키메데스의 저서에 나와 있으며, 피타고라스파는 제곱근이 유리수가 되지 않는 경우를 발견하여, 수학사상 최초로 무리수를 발견했다. 오늘날의 제곱근풀이 법은 16세기에 발견된 것으로서, $(a_1+a_2+\cdots+a_k)^2 = a_1^2+(2a_1+a_2)a_2+(2a_1+2a_2+a_3)a_3+\cdots+(2a_1+2a_2+\cdots+a_k)a_k$의 항등식이 그 기초가 된다.

Ⅲ. 형식상의 표현

0~9까지의 숫자 중에서 나와 관련된 숫자를 찾아보면 0, 1, 2, 4, 5, 7, 9이다.

0은 나의 혈액형이 O형이기 때문에 유사숫자인 0으로 표현되고, 1은 내가 2남 1녀 중 첫째이기 때문에 1로 표현할 수 있다. 2는 나의 성별이 여자이기 때문에 주민등록번호상에 표현방법이 2이고, 4, 5,

7, 9는 내가 75년 4월 9일생이기 때문에 나와 관련이 있다. 이러한 숫자를 모두 더하면, 0+1+2+4+5+8+9는 나의 만나이가 된다.

이렇게 형식적인 숫자들과 나의 삶을 연결해 보려고 하는 이유는 나의 삶을 수학적으로 의미화시켜 보기 위한 준비단계와 같다고 할 수 있다.

나를 수학적으로 소개하기 [2]

자기 자신을 수학적으로 표현하라고 했을 때 가장 먼저 생각나는 것은 0과 ∞, 숫자 3과 10이었다.

0은 가장 나중에 만들어진 수학적 개념으로 없는 것을 표현하는 숫자이다. 불교적으로 공(空)을 뜻하는 것으로 空則是色, 色則是空 의 인생철학이 담긴 숫자라고 생각하기 때문에 나를 표현하기 적합한 것 같다.

∞는 끝이 없이 무한히 계속된다는 의미로서 이 또한 인생의 윤회를 담고 있으며 무한한 인간의 잠재능력을 나타내는 것으로 생각되어 나의 인생철학과 일치한다.

그리고 숫자 3과 10이 떠올랐다. 3은 수리학적 의미로는 가장 으뜸이 되는 수로 노자가 말씀하시길 "道는 1을 낳고, 1은 2를 낳고, 2는 3을 낳고, 3은 만물을 낳는다."라고 하셨다. 현대적인 시각으로 볼 때도 1과 2가 대립되는 개념의 수라면 3은 1과 2의 대립과 갈등을 무마시키는 상징적인 숫자이다. 삼신할머니, 삼신각, 삼세번 등 우리 민족도 예부터 숫자 3을 좋아했는데 3은 1과 2의 기본 성격이 상호작용하여 조화를 이루는 숫자이기 때문이다.

10(+) 또한 음과 양, 수직과 수평이 만나는 조화의 숫자이다. '십'이라는 것이 나중에는 욕으로 변질되었지만 처음에는 조화를 의미하는 신성한 숫자였다.

3과 10처럼 조화로운 삶을 추구하는 것이 나의 인생 목표이며 앞의 0, ∞처럼 마음을 비우고 흘러가는 물처럼 살고 싶은 것이 나의 소망이다. 그래서 나는 나 자신을 3과 10, 0과 ∞로 표현하고 싶다.

나를 숫자로 표현한다면?

나를 숫자로 표현하고자 한다면 숫자 '0'에 가장 잘 어울리는 사람이다. '0'은 아무것도 없다는 의미이다. 왜냐하면 숫자 0은 빈자리를 채우기 위해 만들어졌기 때문이다. 숫자 '0'처럼 나와 같은 사람은 있어도 별반 눈에 띠지 않는다. 즉 빈자리를 채우기 위해 있는 사람과도 같다. 숫자 '0'이 앞에 나오지 않듯이 나 또한 앞에 나서지 않고 뒤에서 도와주는 조력자의 역할을 한다. 그렇다고 해서 '0'을 무시할 수만은 없다. '0'이 없으면 큰 수를 나타내기가 어려울 뿐만 아니라 숫자의 단위를 나타내기가 어려워진다. 반면 '0'을 사용하면 수를 쓰거나 수를 읽거나 계산하거나 식을 세우는 등 여러 면으로 확실히 간편하다. 그렇기 때문에 나도 특별한 장기가 없다고 해서 무시할 수만은 없다. 왜냐하면 내가 특별한 장기는 없더라도 어떤 도움이 될지도 모르기 때문이다.

그리고 나와 같은 성향의 사람들, 즉 숫자 '0' 타입의 사람들은 여럿이 모여도 0+0=0, 0×a=0인 것처럼 별로 나아지지 않는다. 하지만 '0'이 1부터 9까지의 자연수와 만나게 되면 굉장히 큰 수를 만드는 수가 있다. 따라서 잘 이끌어 주는 리더를 만나게 되면 굉장히 큰 힘을 발휘할 수 있다. 즉 나의 능력을 알아보고 제대로 활용할 수 있는 사람이 생긴다면 새로운 힘을 발휘할 수 있을 것이다. 숫자의 특성을 잘 생각해보면 숫자로 나를 표현한다는 것이 그리 어렵지 만은 않다. 평소에는 그다지 고민해보지 않았던 물음이라서 이러한 물음을 한다는 것 자체가 어색했지만 이처럼 숫자의 특성으로도 사람의 성향을 충분히 나타낼 수가 있는 것을 보고 신기했고 이런 것이 수학적이라고 여기지 않을 수도 있지만 넓은 의미에서 수학적 사고이고 흥미로운 발상인 것 같다. 앞으로도 종종 이런 물음에 고민해 볼 수 있는 시간을 가졌으면 좋겠다.

자신을 수로 표현한다면

Ⅰ. 내가 만나는 수의 정체

나 자신을 수로 표현하는 것은 정말 어려운 일일지도 모른다. 우선 수라는 것과의 나와의 괴리감이라고나 할까? 그러나 수라는 것은 알고 보면 주변 어디에서나 볼 수 있는 친숙한 개념이다. 그러나 일반사람들은 수로 주위사물을 분석하는 데에 익숙하지 않다. 수많은 수와 그 공식과 부호들이 나오면 왠지 그것을 교수나 교사 혹은 수학자에게 그 자리를 내주어야 할 의무감을 느끼는 사람이 있을지도 모른다. 그러나 수는 알고 보면 우리 생활주변 어디에서나 쓰이고 있다는 것을 쉽게 눈치챌 수 있다. 책이나 사전 등을 보더라도 그들의 쪽수는 언제나 수로 표현되어 있고, 스포츠나 운동을 볼 때도 가만히 생각해보면 공이 그리는 궤적이라든가 각도, 속도 등이 얼마인지, 또 그 자체를 내는 원동력인 사람의 칼로리는 얼마나 소모되어 그만큼의 힘을 발산하는지, 생각해보면 모든 것은 수학의 영역으로 되어 있다. 그렇다면 우리 인간을 수로 표현할 수 있을까?

먼저 개인적이고, 신체적 관점에서 표현한다면 기본적으로 사람의 겉모양의 구조는 좌우 대칭을 이룬다는 것을 발견할 수 있다. 물론 자세히 본다면 완벽한 대칭을 그리지는 않지만 대칭을 이룬다. 또한 사람들의 생김새는 그 위치와 모양만 다를 뿐 거의 대부분 그 위치에 존재하는 유기물들로 구성되어 있다. 또한 사람의 장기의 위치 또한 그 구도를 유지하고 있다. 뼈의 개수도 사람마다 차이가 없다. 그 길이 그 두께 무게 이런 것은 차이가 날 수도 있지만 그 위치는 변하지 않는다. 이를 볼 때 이는 마치 숫자를 넣는 하나의 수학공식과 닮아 있다는 것을 알 수 있다. 그 구조는 바뀌지 않으나 그 세세함은 바뀌는 것 말이다. 또한 개인을 보았을 때 우리의 심장박동 수는 일정한 범위를 벗어나면 그것은 고혈압이나 저혈압으로 매겨져 건강상에 문제가 있다는 것을 진단할 수 있다. 또한 여러 호르몬이나 약물의 수치가 일정농도 이상 차지할 때는 또 건강상의 문제가 발생한다는 것을 알 수 있다. 이런 수치들이 건강상의 척도가 되어 인체가 그 기능을 다하는지 못하는지를 알 수 있게 된다.

둘째로 인간을 공동체적이고, 정신적으로 본다면 인간은 우선 그 개체 수는 60억 명을 넘으나 그 각각의 개인은 1명이라는 것은 이미 알려진 사실이다. 60억의 인구가 각각의 다른 성격으로 살아가는 이 메커니즘은 매우 복잡다양하고 신기하다. 또한 이들은 여러 집합으로 나누어져서 국가를 이루나 이들 국가는 또 교역을 하면서 교집합도 생기고 속하게 되는 경우도 생기게 된다. 또한 각종 국가 간의 교역으로 인해 생기게 된 국가지표나 주가, 환율 등은 수학적 사고를 요구하게 된다.

이 두 관점으로 나를 분석한다면 나는 우선 신체적으로는 인간이라고 속하는 범주에 들어갈 수 있다고 볼 수 있다. 우선 겉모습은 거의 좌우대칭을 이루고 있고 인체라 부를 수 있는 위치에 장기가 들어있으며 그 유기물을 다 가지고 있다. 또한 공동체적으로 보면 나는 우선 개체수 60억에 속해 있다고 볼 수 있으되 대한민국이라는 하나의 집합에 속해있다고 할 수 있다. 그리고 또 그 안에서 신분이라는 집합에 의해 학생으로 범주가 나뉘게 되고, 이를 통해 본다면 나는 결국 국가전산망에 의해서 그 집합과 범주에 따라 수식으로 표현될 것이다. 우선 간단하게 알아볼 수 있는 것은 주민등록번호로, 언제 태어났는지 성별은 무엇인지 어디에서 태어났는지 등의 정보가 수치로 표현되어 있다. 또한 여권 발급시 또한 각종번호로 식별되고 혹은 형사사건을 받는다면 CIMS(Crime Infomation Management System)에 의

해서 각종 조서발급기록이나 형사상의 메모 등으로 기록이 남으며 이 기록들은 각각의 하위번호를 가지고 몇 번째 캐이스인지를 번호와 수로 표시하게 될 것이다. 즉 나는 사회적으로 혹은 국가적으로 찾게 된다면 범주에 따라 그 번호가 달라진다고 할 수 있겠다.

Ⅱ. 세상을 수로 나타내면

수는 어디에나 존재하고 있다. 스포츠나 영화에서뿐만 아니라 일상생활 곳곳에 있으나 있는 것을 의식하지 못하는 그런 것이 수이다. 교실 속에서 찾아보면 책상 수와 의자 수, 칠판의 가로 길이, 세로 길이, 교탁의 높이 등으로 교실 속에만 해도 많은 수를 찾아볼 수 있다. 그렇다면 우리 인간은 어떻게 수로 표현할 수 있을까?

첫 번째, 나이로 사람을 표현할 수 있다. 한 살씩 분류할 수도 있지만, 10대, 20대, 30대처럼 10살씩 묶어서 분류할 수도 있다. 또, 영유아기, 청소년기, 청년기, 장년기, 노년기 등으로 기준을 잡아 다른 방법으로 분류하는 것도 가능하다.

두 번째, 살고 있는 곳의 주소로도 사람을 표현할 수 있다. 곳곳마다 주소가 있다. 그 주소에다가 아파트라면 동과 호의 번호도 사람을 표현할 수 있는 숫자가 되는 것이다.

세 번째, 수입으로도 사람을 표현할 수 있다. 적정 연령이 되지 않는다면 수입이 없을 수도 있다. 실업자 같은 경우에도 수입이 없을 수 있다. 이러한 경우에는 0으로 나타낸다. 그리고 수입에 따라 저소득층, 중산층, 고소득층으로 분류할 수도 있다.

네 번째, 가족의 구성으로도 사람을 표현할 수 있다. 아버지, 어머니, 그리고 나 이렇게 해서 3명이 될 수도 있고 할아버지, 할머니, 형, 누나, 오빠, 언니, 동생이 있어 그 수가 더 커질 수도 있다.

다섯 번째, 신체 특징으로도 사람을 표현할 수 있다. 키는 수치로 나타낼 수 있고 또 남자 평균키, 여자 평균키를 구하여 평균 키보다 크다 작다는 것으로 분류도 가능하다. 몸무게로도 사람을 표현할 수 있는데 키와 함께 비만도를 구하여 비만도 수치로 사람을 나타내는 것도 한 방법이다. 이밖에 시력, 청력 등으로도 표현할 수 있다.

여섯 번째, 체력검사 결과로 사람을 표현할 수 있다. 초, 중, 고등학교 때 체력검사를 하고 나면 그 결과가 수치로 나타난다는 것을 알 수 있다. 오래달리기, 50m 달리기, 오래매달리기는 시간으로, 멀리뛰기, 윗몸 앞으로 굽히기는 길이로, 윗몸일으키기는 1분당 횟수로 결과값이 나온다. 각각의 종목을 따로 두고 볼 수도 있지만, 초, 중, 고등학교에서는 급수를 매긴다. 1급, 2급, 3급, 4급, 5급으로 매김으로써 그 사람의 체력을 판단하는 것이다.

일곱 번째, 고유번호로 사람을 표현할 수 있다. 대한민국 사람이라면 누구나 주민등록번호를 가지고 있다. 이것은 유일무이한 것으로 같은 번호를 가지고 있는 다른 사람은 존재하지 않는다. 가장 사람을 잘 표현할 수 있는, 잘 구분할 수 있는 기능을 할 수 있을 것이다. 그밖에 통장 계좌번호나 휴대폰 전화번호 등의 번호들로도 사람을 표현할 수 있다. 특히, 휴대폰 보급률을 보았다면 휴대폰은 그것을 소유한 사람을 대표하는 물건으로 생각하는 것에 동의할 수 있다. 그러므로 휴대폰 전화번호는 사람을 대표할 수 있는 번호로 보는 것도 일리가 있을 것이다.

수로 나를 표현할 수 있는 방법이 이외에도 많다는 것을 알게 되었다. 평소에 무심코 지나쳐가던 수들이 다시 한 번 생각해보니 나를 표현할 수 있는 하나의 방법이 된다는 것이 다시금 주위를 살펴보게 만들었다.

나의 수학적 소개

내 이름은 이유진이다. 나는 홀수보다 짝수를 좋아하고 가장 좋아하는 숫자는 2이다. 왜 2가 좋은지는 잘 모르겠는데 무엇을 할 때 혼자보다는 둘이 좋아서 그런 것 같다. 그러고 보니 이름에도 숫자 2가 들어간다. 267 이 숫자를 각각 연속으로 읽으면 내 이름하고 비슷한 것 같다.

나는 숫자 0처럼 생겼다. 별명이 찐빵인데 볼살이 많아서 얼굴이 동그랗기 때문이다. 내 키는 지금까지 160이 넘는 줄 알았는데 얼마 전에 정양실에 가서 재어 보니 반올림해서 160이었다.

내 성격은 직선이고 인수분해이다. 기분이 나쁘거나 속상할 때 상대방에게 말을 직선적으로 하는 편이다. 절대로 빙빙 돌려서 이야기하거나 비유를 사용해서 이야기하지 않는다. 이것이 내 성격의 장점이자 단점인 것 같다. 그리고 내 성격을 인수분해라고 표현한 이유는 성격이 직선적인만큼 단순하다. 그 자리에서 화내고 오해를 풀고 대신 뒷끝은 부리지 않는다.

그러나 내가 화가 날 때에는 기하급수적이다. 처음부터 화를 버럭 내는 편은 아니다. 그런데 생각하면 생각할수록 화가 점점 더 나서 그때 벌컥 화를 낸다. 만약 화가 났는데 그 사람한테 얘기하지 못하고 참고 있다가는 혼자 화병으로 죽을지도 모른다.

나의 최대 단점은 내 성격이 사인 코사인 그래프와 같은 것이다. 사인 코사인 그래프가 왔다갔다하는 것처럼 내 변덕도 언제나 죽을 끓듯 한다. 마음먹은 지 5분도 채 안되어서 마음이 다시 바뀌고 지붕이 떠나갈 것처럼 웃다가도 갑자기 먹구름이 낀 것처럼 우울해지고는 한다. 이런 내 성격 때문에 친구들에게 미안할 때가 아주 많다.

내가 좋아하는 사람은 자연수, 곧 양의 정수 같은 사람이다. 자연수는 정수, 유리수, 실수 어디에도 다 포함된다. 그것처럼 어떤 그룹에 섞여도 잘 어울릴 수 있는 그런 사람이 좋다.

내 취미의 속도는 0이다. 왜냐하면 내 취미는 잠자는 것이기 때문이다.

우리 가족은 총 4명이다. 아버지, 남동생, 그리고 나와 외모가 합동인 어머니, 내 남동생과 나는 합동은 아니지만 그래도 수학으로 따지면 닮음 정도는 된다. 그런데 나의 아버지는 원과 사각형처럼 전혀 다르다,

아버지와 나의 관계는 평행선이다. 서로 침범하지 않으면서 서로 만나지도 않는다. 서로의 생각이나 행동을 간섭하는 것은 없지만 서로 공통된 화제를 가지고 이야기하거나 공감대를 찾지도 않는다. 어렸을 때에는 아버지와 함께 대화도 많이 했었고, 고3 때에는 아버지께서 나에게 가장 큰 힘이 되어 주시기도 하셨다. 앞으로는 아버지와 더 이상 평행선 관계가 되지 않도록 노력해야겠다는 생각이 많이 든다.

각자 개성이 뚜렷한 가족구성원이지만 모두 한 집합이다. 우리 가족들은 모든 연산에 대해 닫혀 있다. 싸우기도 하고 함께 웃기도 하고 울기도 하고 화낼 때도 있지만 언제나 결과는 우리 가족들은 하나다. 어떤 연산을 해도, 어떤 일을 겪더라도 누구하나 제외되는 것 없이 결과는 그대로이다.

이 글을 쓰면서 생각해 보니 우리 가족 모두는 합동이라는 생각이 든다. 어떤 어려움이 있어도 서로 배려해 주는 모습이 아름다운 어머니, 아버지가 자랑스럽다. 언젠가 나도 나와 합동인 또 다른 멋진 사람을 만날 수 있을 것이다. 나도 나중에 가정을 꾸리게 되면 우리 어머니, 아버지 같은 부부가 되고 싶다.

인생은 삼각함수의 연속인 것 같다. 오르막이 있으면 내리막이 있

고, 내리막이 있으면 오르막이 있는, 힘든 일이 있어도 용기를 내고 좋은 일만 계속해서 일어나더라도 유비무환의 자세를 가지는 사람이 되어야겠다.

나는 아직 완성되지 않은 전개도이다. 내가 전개도조차 그려져 있지 않은 흰 종이 상태라는 것은 아니다. 백지상태에서 하나하나씩 그려서 지금은 내가 무엇이 될지는 정해진 상태다. 고등학교 때 이루고 싶었던 꿈이 있었지만 그 꿈을 접고 초등교사의 길을 가기고 마음먹고 교대에 들어왔다. 이미 미래에 무엇이 될지는 정해진 상태이지만 어떤 모양으로 변할지는 내가 이 전개도를 자르고 조립하는데 달려있다. 전개도는 깨끗이 마무리하고 자르고 조립하고 붙여야 완벽한 입체도형이 된다. 나도 남은 교대 생활을 열심히 해서 멋진 초등학교 교사가 되고 싶다.

나를 나타내는 방정식

나를 수학적으로 표현한다면 하나의 방정식으로 표현하고 싶다. 나는 나를 잘 알지 못한다. 그러나 나만큼 나를 가장 잘 아는 사람도 없다는 것도 사실이다. 그러나 내가 아는 나와 다른 사람이 아는 나는 다를 수 있다. 방정식은 수학문제해결을 위해 사람들이 가장 많이 사용하는 방법이며 x값이 구해지기 전에는 참과 거짓을 알 수 없다는 의미에서 나를 표현한 것이다. 그리고 약속의 문자, 수로써 나를 표현하고 싶다. 그러나 여기에는 나만의 의미가 있는 수들이 사용될 것이다. 다른 사람에게는 수학적 의미 외에는 아무 의미도 없는 수가 내게는 큰 의미를 가지는 수가 될 수 있기 때문이다. 그런 의미에서 내게는 특별한 의미가 있는 수들로 나의 과거와 현재, 그리고 미래의 나를 표현해보고자 한다.

$$1+4+7+19+94+30+x+60=0$$

1 : 내가 태어나면서 가장 처음으로 다른 사람으로부터 받은 수이자 나의 존재성을 나타내는 수이다.

4 : 넷째 딸로 태어난 나는 내가 기억하는 순간부터 넷째 딸만큼의 사랑을 받고, 책임과 의무를 부여받았다. 그리고 내가 지향하는 균형과 함께 살아가야 하는 시간 속에서 나의 의지로 혹은 타인의 의지로 그것을 지키고자 노력했다.

7 : 내 생의 시작은 내 의지가 아니었으나 마지막은 내 의지였으면 이라고 바랬던 최초의 나이였다. 내가 죽음에 대해 처음으로 느낀 때이다. 이것은 지금까지 내 인생의 많은 부분에 영향을 미치고 있다. 나는 채식주의자는 아니지만, 육식을 거의 하지 않는다. 아니 노력한다고 해야 옳을 것이다. 내게 다른 생명의 삶과 죽음을 결정할 수 있는 권한이 내게 있다면, 절대로 그들을 죽음에 이르게 하지는 않을 것이다. 그들도 나와 다르지 않다고 생각한다. 나의 행동의 자연의 법칙에 어긋난다 할지라도 나는 죽음에 대해 생각한 일곱살을 통해 선택했다. 나의 생이 존중받고 싶은 만큼 다른 생명도 존중할 권리와 의무

가 내게 있다고, 그리고 그게 내가 생각하는 인간이고 내가 원하는 나라고 말이다.

19 : 나의 모든 신념들이 완성된 때이다. 비록 나의 몸은 나의 나이와 함께 같이 늙어가지만... 언제나 내 정신이 머무는 곳이다.

94 : 흔히들 말하는 불운의 94학번이다. 대학에서 나와 함께 가장 많이 갈팡질팡하던 흔들리던 학우들.

30 : 나름의 안락함을 뒤로 하고 다시 한번 십대의 꿈을 선택한 때이다. 내게 서른살은 또 한 번의 94년을 뜻했고 나의 기억력과 총명함이 허상이라는 것을 알게 된 슬픈 때였다. 그리고 19세 이후 유일하게 하나의 생각을 추가한 때이기도 하다. 그것은 '나에게는 머리는 없다. 마음만이 있을 뿐이다. 그리고 노력하는 나의 마음(의지)만이 머리를 대신 할 수 있다.'이다.

60 : 건강하게 살고 싶은 생애의 마지막 나이이다. 의료적 발전이 있다고 해도 사람의 생명이 고무줄처럼 늘어날 것이라고는 생각지 않는다. 모든 살아있는 생명들은 그 생명들마다의 평균적인 수명이 있다. 모두는 아닐지라도 대부분의 사람들은 그 평균수명이 되기도 전에 병마에 시달린다. 나는 앞서 내분기계질환을 앓았고 질병의 고통이 어떠한 것인지 알고 있다. 진심으로 나는 건강한 60세까지를 기도한다. 그 이상의 생이 주어진다면 꼭 건강도 함께 오기를….

x : 알고 있듯이 미지수이다. 이 수가 얼마인지 지금의 나는 알 수 없다. 지금부터 내가 만들어 갈 수이다. 어떤 사람들은 =을

사용했으므로 x가 -125가 되어야 한다고 생각할지도 모르지만 이것은 항등식이 아닌 방정식이다. x는 그 값이 될 수도 있고 안 될 수도 있다. 이 방정식은 단지 내가 나를 표현하는 방식일 뿐이며 내가 생을 마감하기 전까지 내가 가진 의미 있는 수들을 다른 사람에게 의미 있는 수로 돌려주지 못한다면 나는 분명 앞으로의 인생에서 지금의 내가 원하는 삶과 조금은 다른 삶을 살게 되었을지도 모른다. 참과 거짓을 구분짓지 않는 나의 방정식이다.

0 : 내가 존재하지 않았던 때의 표현이며 내가 궁금해 하는 사후의 세계를 의미한다. 숫자 중에서 유일하게 2개의 면을 갖는다. 나의 몸이 죽은 후 나의 정신은 과연 존재할까? 아니면 정신도 몸과 함께 죽으므로 더 이상의 나라는 생각은 존재하지 않는 것일까? 혹은 두 면을 형성시키는 0이라는 선 위에서 나의 사념이 존재하면서 선택하는 것일까? 내가 나로 부르고 인식하는 나의 정신, 억만겁의 시간동안 윤회하면서 나는 다시 1로 거듭나는 것일까?

수학, 나를 알아가는 시간, 그리고 나와 다른 이를 알아가는 시간이다. 수학은 나를 알고 남을 알고 서로를 알아가는 시간이다.

나의 숫자로 본 이력서

내 나이 스물 한 살. '스물 하나'라는 숫자는 내가 이 세상에 태어나서 이제까지 살아 숨 쉬고 있었음을, 지금도 그러고 있음을 보여주고 있다. 태어나면서부터 한 살을 먹는 우리의 나이 때문에 인생의 처음 시작은 1로 보고 있다. 만이라는 나이는 인생의 시작은 '0'으로 보고 아무것도 없는 상태에서 1년이란 시간이 흐르면 나이를 한 살 얻게 되는 것. 즉, 생의 시간의 흐름과 나이를 동일하게 보고 있다. 시작이야 어찌되었든, 1년이란 시간을 기준으로 하여 한 살의 나이가 더해지는 것은 동일하며 우리는 나이가 한 살씩 많아지는 것을 단순히 태어난 지 몇 년이 지났다는 의미로만 파악하지 않는다. 어린 아이보다는, 연장자를 좀 더 존중하고 존경하는 것은 살아가면서 얻게 되는 연륜과 삶의 지혜를 높이 사기 때문이다. 이러한 삶의 연륜과 지혜는 우리의 나이 속에 어느 정도 일반적인 기준으로 함께 포함되어 있다.

태어나서 처음 가지고 있는 기억은 내 나이 5살 때의 일이다. 알지도 못하던 '글자'가 신기해서 집에 놓여있던 동화책 한 권을 펼쳐서 글자의 모양만을 베끼던 나이. 그것은 5살이라는 내 나이가 가리키고 있는 나의 모습, 또는 일반적으로 보이고 들리는 것에만 호기심이 많은 5살 난 꼬마의 대체적인 모습이었다.

내 나이 10살에는 나와 비슷하면서도 너무나 많은 아이들 속에서 특별한 의식 없이 함께 놀고 생활하는 초등학교 학생이었다. 책 읽는 것을 유난히 좋아해서 밤늦도록 책을 보다가 혼나기도 하고 눈도 많이 나빠져서 남들보다 일찍 안경을 끼게 되던 나이였다.

내 나이 15살, 보이고 들리는 것 외에도 내가 알지 못하던 인생의 사실들을 하나씩 알게 되면서 보이는 것과 다른 삭막한 세상을 몸소 느끼던 예민하던 청소년기였다. 그저 함께 하는 사람보다 '나'이기 때문에 함께 있어주고 '너'이기 때문에 함께 할 수 있는 사람냄새 나는 사람을 찾아서 헤매던 시기였다.

이상과 순수한 것이 제일이라던 생각에서 벗어나 현실을 인정하게 된 19살의 나이. 그러면서도 희망을 꿈꿀 수 있는 명랑한 여고생이었다. 교실이라는 좁은 공간에서 공부도 하고, 그 공간을 벗어나서 자유를 꿈꿔보기도 하고, 잠시 숨을 돌리기도 하는 이 곳 대한민국 고3이라면 누구나 공감하는 19살의 해였다.

그러면서 맞이한 20살의 해. 10대에서 벗어나 20대에 접어든 이제 더 이상은 10대라 할 수 없는, 그렇다고 20대라고 포함시키기에는 아직 풋내기인 스무 살. 새로운 것을 접하고 성인이 되었다는 자유롭고도 불안한 시기인 것이다. 지금 나의 나이는 그 불안정하면서도 싱그러운 스무살을 갓 지나 스물한살에 와 있다.

살아온 해를 알게 해주는 나이의 숫자가 하나씩 더해질수록 단지 시간이 1년 지난 것은 아니었다. 인생은 단순한 숫자의 조합에 불과한 것이 아니다. '19+1=20'이라는 단순한 식을 벗어나 19에 더해지는 나이의 숫자 1은 인생의 전환점이 되고, 지금의 나를 만들었다. 1이라는 것은 하나에 불과한 것이 아니라 길게 흘러가고 나열되는 시간을 '365일⇨1년'이라는 기준으로 단위를 나누어서 함축시켜가고 있는 것이다.

사람들은 편리한 것을 좋아한다. 표현하기와 나타내기를 간단히 하기 위해 시간을 1분, 1시간, 1일, 1년이라고 표현하거나 1L, 1km, 1kg, 1cal 등의 단위나 기준을 사용하기도 한다.

그러나 표현방법이 간단해지고 명료해진다 하더라도 우리는 그것을 가시적인 형태 그대로 받아들여서는 안 된다. 특히 '사람과 삶'에 관련된 주관적인 부분에 대해서는 좀 더 의미를 두고 생각해볼 필요가 있을 것 같다.

오늘 2010년의 마지막 달을 맞아서 지금까지 살아온 삶과 나이에 대해 생각해볼 기회를 가졌다. 이제 스물두살이 되고, 서른살을 맞고, 어느덧 중년을 넘기는 나이가 오겠지만 삶을 살아가는 시간이 길어질수록 얻을 수 있는 인생의 철학도 깊어졌으면 좋겠다.

자신을 수량화해보자

사람을 어떠한 정확한 수로 표현한다는 것은 어려운 일인 것 같다. 그래서 여러 측면에서 '나'를 다양하게 수량화 해보려고 한다.

사람은 모두 독립적인 존재로서 똑같은 사람은 있을 수 없다. 따라서 '나'를 1로 나타낼 수 있을 것이다. 그런데 나는 혼자서는 살 수 없는, 다른 사람에게 의지하려는 성향이 강한 것 같다. 이러한 면으로 본다면 0.99…로 나타낼 수도 있겠다. '나'라는 존재는 1에 아주 가까이 있지만 완전한 1은 될 수 없고, 다른 사람과 함께 완전한 1을 만들어 살아가고 있다고 생각된다.

또한 불완전한 존재이므로 완전수가 아닌, 불완전수라고 표현할 수도 있겠다. 참고로 완전수는 자신을 제외한 약수들을 더해 그 자신이 되는 수로 6이 있다. 6의 약수는 1, 2, 3, 6으로 자신인 6을 제외하고 1, 2, 3을 더하면 자신인 6이 된다. 28의 경우도 마찬가지이며, 완전수가 아닌 수들이 불완전수이다. 자연수 전체에 있어 완전수가 불완전수에 비해 극히 적게 존재하는 것과 마찬가지로 사람도 불완전한 사람이 대다수를 차지하고 있다는 생각이 든다.

흔히, 사람을 정신과 육체로 나누어 볼 수 있다고 말한다. 그러한 면에서 본다면 '나'를 수량화할 때 앞에서 말한 1보다는 2가 더 적당하다. 정신과 육체, 이 2가지가 서로 공존하면서 '나'를 이끌어가고 있는 것이다.

'나'의 신체는 대단히 과학적으로 움직이고 있다. 정확하게 때가 되면 배가 고프고, 어느 한 부분이 좋지 않아도 얼굴색이 창백해진다든지 하는 것은 모든 신체기관들이 유기적인 관계를 유지하며 끊임없이 활동하고 있다는 증거라 할 수 있다. 이러한 면에서 보면 '나'라는 존재는 나누었을 때 나머지가 없고 딱 떨어지는 수라고 생각할 수 있을 것 같다. 나머지가 없다는 말은 모자라지도 남지도 않는다는 것으로 우리의 신체도 어느 한 부분이 모자라거나 넘치면 병이 생기고 아프다고 볼 수 있을 것이다. 한편, 남는 것이 모자라는 것보다 오히려 낫지 않는가 하는 생각이 들기도 하지만, 남는 것은 궁극적으로 완전한 개체로 존재하기 위해 다른 곳에서 자신이 필요로 하는 것들을 빼앗아 와서 다른 부분을 불완전한 상태로 만들 것이다. 참고로 여기서 완전하다는 것은 안정된 상태에 있다는 것을 의미한다.

우리는 매우 시시각각으로 변한다. 상대적으로 외모와 사회적 지위와 같은 요소들은 개인적 차이는 있겠지만, 상당히 많은 시간을 두고 변한다. 그러나 감정이나 생각과 같은 것들은 매 상황에 따라 변덕스럽게 바뀌기 일쑤다. 울다가 웃으면 어떻게 된다는 옛말은 그러한 우리의 모습을 잘 반영하고 있는 듯하다. 끊임없이 변화하는 이러한 '나'의 모습은 π와 같이 순환하지 않는 무한소수의 모습을 띠고 있는 듯하다. π는 3.141592653589793238…와 같이 끝없이 나아간다. 어떠한 규칙성을 엿볼 수도 없으며 다음 수를 예측할 수도 없다. 변화무쌍한 '나'의 모습과 유사한 점이 많아 보인다. 가끔씩은 순환하는 무한소수처럼 다음에 보여질 나의 모습을 확실히 알고 있으면 좀 더 낫지 않을까라는 생각이 든다. 지금보다는 어떤 일을 하더라도 시행착오가 적을 것 같기 때문이다. 그러나 그러한 생활도 이상적인 것은 아닐 것이다. 다음에 벌어질 일을 미리 알고 있다면 이 세상 살아가기가 얼마나 무료해지고 의미 없는 삶이 될 것인가?

자신을 수량화한다는 것이 처음에는 막막해 보였는데 생각하다보니 재미있고 흥미로운 활동이었다. 수학이라는 쉽지 않은 학문을 '나' 자신과 관련지어 보면서 수학이 마냥 나와 동떨어져 있는, 다른 세상의 것이 아니라는 생각이 들었다. 또한, 이러한 활동을 수업에 접목시키면 아이들로 하여금 수학에 대한 흥미를 가지게 하는데 많은 도움이 될 것 같다.

나 자신을 수의 연산기호로 나타낸다면?

나를 수학의 연산기호로 표현한다면 아마 '+'와 '−'로 나타낼 수 있을 것이다.

수학의 연산기호를 말하라고 한다면, 대표적으로 '더하기, 빼기, 곱하기, 나누기'를 꼽을 수 있다. 그 중에서 '더하기'와 '빼기'의 의미를 나의 생각과 생활에 연결시켜 생각해 보았다.

나는 항상 무언가를 추구하며 채워지기를 원한다. 무엇인가를 보고, 맛있는 것을 먹고, 재미있고 흥미로운 일을 경험하길 원한다. 또 누군가에게 사랑받기를 원하고, 시험에서 좋은 성적을 받길 원하며 사람들에게서 인정받기를 원한다. 내가 이런 생각들을 가지게 된 이유는 무엇일까? 바로 내가 '−'(빼기)의 존재, 즉 부족한 존재이기 때문이다.

'−'는 무언가 불안해 보인다. 채워지길 원하며 보완되길 원하는 기호이다. 이는 바로 나 자신과 같다. 세상은 혼자서 살아갈 수 없다. 또한 인간은 무언가를 추구하는 욕망을 가진 존재이다. 그래서 항상 내 삶에서 부족함을 느끼며 더 많은 사람을 만나 사랑을 받고 더 나은 생활을 위해 노력하고자 하는 것이 아닐까?

소비의 존재라는 측면에서도 나의 '−'적 요소를 발견할 수 있다. 음식을 먹고, 잠을 자는… 생활 속의 근본적인 것에서 돈을 쓰고 커피, 종이 등 물건들을 사용하여 없애고, 하루 하루 시간을 소비하며 이르기까지 내 생활은 '−'의 부분들이 많이 차지하고 있다.

물론 소비적이고 부족하기 때문에 무언가를 바라는 '−'적 요소만

있는 것은 아니다. 만약 나에게 '−'적 요소만 있다면 너무 불행한 일일 것이다. 항상 다른 것을 바라고 내 욕심과 욕구를 만족시키기 위해 힘들게 살아야 할 것이기 때문이다.

나에게 있어서 '+'적 요소는 바로 사랑이다. 하나님을 만나고 그 분의 사랑을 받으며 그것에 만족하는 것이 아니라 다른 사람에게 그 사랑을 전하려고 하는 것, 또는 사람들 간의 인간관계에서 그들을 이해하고 도움이 되고자 하는 측면들이 있다.

또한 내가 지금껏 교과과정에서 배운 내용들을 통해서 새로운 사고를 창출하거나 자신의 가치관과 인격을 형성한 것, 나의 미래와 진로에 대한, 즉 초등교사로서의 비전과 꿈을 품게 된 것과 나를 만난 사람들이 나를 통해 좋은 영향력을 받았다면 그것 또한 나의 '+'적인 측면일 것이다.

흔히 사람들은 '−'를 부정적으로 '+'를 긍정적으로 생각한다. 그러나 내 안의 '−'와 '+'의 측면은 둘 다 나 자신을 더 나은 방향으로 이끄는 요인이 되며 곧 그 결과가 된다. 나의 부족한 면을 인정하고 그것을 채우려고 노력하는 모습과 하루하루 살아가며 경험하고 배우는 것들을 나만의 것, 즉 내 생각으로 전환시켜 새로운 사고를 창출하는 '−'와 '+'적 요소의 조화야말로 바로 내가 만들어가고 있는 나의 모습이라고 생각한다.

나를 수학으로 나타낸다면

본격적인 생활수학 강의를 듣기 전에 나를 수학으로 표현해 보는 과제를 해결하게 되었다. 이 과제를 수행하기 위해 두 가지 고민을 하였다. 먼저 나를 표현하기 위해 나 자신에 대해 고민하고 생각하고, 수학에 대해서도 생각해보았다.

나를 수학 그 자체로 표현할 수 있다. 어렵고 힘들다고 생각하여 손 놓기 일쑤지만, 끈질기게 다가가며 진심으로 알고 이해한다면 매우 매력적이고 재미있을 뿐만 아니라 유용하기까지 하다. 나는 낯을 많이 가리지만 진심으로 다가와 서로 친해진다면 좋은 친구가 될 수 있다. 게다가 나는 매력적이고 사랑스럽기까지 하다.

나는 x로 표현되는 함수 y이다. x는 나에게 다가오는 상대방의 마음이라면 y는 나이며 나의 마음이다. 함수식은 상대방이 누군가에 따라 달라지겠지만 말이다.

예를 들어,

- 나는 어떤 당신에게는 당신이 대한 바로 그대로 돌려주는 가하면 $(x = y)$
- 어떤 당신에게는 당신이 나를 서운하고 모질게 굴어도 나는 당신을 포옹할 거예요. 또한 더 많은 것을 줄 수도 있지요. $(-Ax + B = y)$
- 어떤 당신이 나를 행복하게 해준다면 나는 그 행복에 너무나 기뻐하고 고마워하며 기하급수적인 보답을 잊지 않을 거예요. $(x^n = y)$

이처럼 나는 수학으로 다양한 표현이 가능하다.

함수는 물론 숫자나 도형도 될 수 있다. 수학으로 표현될 수 있는 나는 수학을 생활 속에서 즐겁고 유쾌하게 배워나갔으면 한다. 나와 만나는 다른 사람들도 나와 같아지기를 바란다.

나 자신을 수학적으로 표현하는 방법, 좌우명

수학과 관련해서 나를 가장 잘 표현하고 잘 드러낼 수 있는 방법은 바로 13개의 숫자로 된 주민등록번호이다. 75로 시작하는 이것은 대한민국이라는 땅에서 나의 존재를 식별해 줄 수 있는 신분증에 등록되어 있는 번호이다. 이것만큼 확실하게 나를 표현해주는 것은 없는 것 같다. 그 외에 또 생각을 해본다면 200021028이라는 지금의 내 학번이다. 초등학교에서 고등학교까지 항상 내 이름 앞에는 한 자리 또는 두 자리의 숫자가 늘 따라다녔다. 수업시간 중에는 오히려 내 이름보다 더 친근하게 들리는 것이 바로 번호인데 그것은 대학교에서도 마찬가지인 것 같다. 입학과 동시에 졸업까지 늘 나와 함께하는 가장 가까운 숫자이다.

나는 동그라미를 항상 동경해왔다. 네모나 세모처럼 모가 나지 않고 어느 쪽, 어느 방향에서 보아도 항상 똑같은 모양의 동그라미. 어느 한군데 모나지 않은 동그라미 같은 둥글둥글한 삶을 살고 싶은데 지금까지의 나의 삶은 그렇지 못했다. 다른 사람의 모가 난 부분에 찔려 상처를 받았던 적도 있었고 또는 내가 모르는 사이에 나의 주변에 있는 또 다른 누군가가 나의 모난 부분에 찔려 상처를 받은 일도 많이 있었을 것이다. 그래서 난 동그란 모양이 되길 바란다. 네모나 세모는 각이 있어서 어딘지 모르게 한계가 있다는 느낌이 들지만 동그라미는 뾰족한 부분이 없어서 무한대라는 느낌이 든다. 아직은 성격적으로 모가 난 부분이 많아서 네모나 세모의 모양을 하고 있지만 앞으로 둥글둥글한 동그라미의 삶을 살기 위해서 노력해야겠다는 생각이 든다. 그리고 우물 안 개구리처럼 한 곳에만 안주하는 생활을 해 와서 나 자신의 한계라는 것을 스스로 정해서 살고 있는 것 같은데 그 한계를 벗어나서 살고 싶다. 인생은 어느 것 하나 정해져 있지 않은 미지수여서 나는 무한대의 능력을 발휘할 수 있다. 지금의 내 모습은 교대 학생의 모습이 전부이지만 앞으로 시간이 지나면 지금의 내 모습은 과거 속에 묻히고 거기에는 또 다른 나의 모습이 만들어져 있을 것이다. 스스로 내가 나갈 수 없는 천장을 만들어 거기서 벗어나려고 애쓰고 싶지는 않다. 한 살 한 살 나이가 들어갈수록 나의 신체적 능력은 점점 좋지 않은 수치로 떨어지겠지만 정신적 능력과 인간관계 면에서는 지금보다 $+\alpha$가 되어 점점 수치가 높아지지 않을까 생각한다.

초등학교에서 수학수업을 해보면 학년마다 어려워하는 부분은 차이가 나지만 어느 학년이든지 분수의 개념이 도입되면 어려워하는 것으로 보였다. 수학수업에서 분수 단원이 어려운 것처럼 사람도 자신의 분수에 맞게 생활하는 것이 어렵다는 생각을 해본다.

100이라는 숫자가 인생에 있어서 가장 완벽함을 나타내 주는 것이라면 지금의 내 모습은 50~60 정도에 머물러 있는 것 같다. 모자라는 한 가지를 가지기 위해서 무리한 욕심을 내어 100에 가까워지려고 하기보다는 부족한 나를 발견하고 모자라더라도 지금의 내 모습에 만족할 수 있는, 지금의 나보다 좀 더 발전된 모습을 통하여 빈 부분을 채워나갈 수 있는 그런 욕심 없는 마음을 가지고 세상을 살아가고 싶다.

수학에 흥미를 잃기 시작한 것이 언제인가 생각해보니 아마도 초등학교 5학년 때부터인 것 같다. 특정 아동에게만 발표 기회를 주던 담임선생님의 영향 때문인지 그때부터 수학 수업에 대한 흥미를 잃기 시작했다. 학생의 지적 특성도 참 중요하지만 교사의 요인도 빼놓을 수 없는 부분인 것 같다. 학생에게 관심을 가지고 전체 학생의 학습 면을 고루 관찰하여 학생 개개인의 특성을 잘 파악할 수 있는 그런 교사가 되도록 노력해야겠다.

내 마음 속의
수학 풍경

풍경 다섯

기타 수학적 아이디어로 표현된 삶과 좌우명

001
벡터, 수열, 삼각형

벡터가 모르는 가치

수학에서 물리량을 나타내는 단위로는 벡터와 스칼라가 있다. 스칼라는 크기만을 가진 것이고 벡터는 크기와 함께 방향도 가지고 있는 것이다. 가장 주목할 만한 점은 속력과 속도를 구하는 것에서 어느 지점을 갔다가 다시 그 지점으로 되돌아왔을 경우 속력은 일정 수량으로 나타나지만, 속도는 0이 되는 것이다. 벡터가 방향을 같이 말하고 있기 때문에 다시 되돌아왔을 때 그 위치 변화가 없기 때문에 0인 것이다. 나는 0이라는 것에 허무함을 느꼈다. 지금도 마찬가지이지다. 이 법칙대로 일상생활을 생각해본다면 어쩌면 시간을 많이 낭비하고 있는 것이다. 매일 아침 일찍 일어나서 약 한 시간씩 버스를 타고 학교를 간다. 학교에 가서 수업을 마치면 어김없이 아침에 출발했던 지점으로 다시 약 한 시간 버스를 타고 돌아오게 된다. 이것이 0처럼 아무 의미 없는 것일까? 다시 되돌아오는 것은 모두 그런 것일까? 그렇다면 이 세상 사람들은 항상 앞으로만 전진해야 할 것이다. 이 말도 안 되는 상황까지 생각하게 된 것에 오류가 있다면 처음부터 생각을 잘못한 탓이다. 학교를 통학시간을 투자하면서 가는 이유는 그 곳에 가서 배우는 것이 많이 있기 때문이다. 비록 벡터의 입장에서 보면 다시 집으로 되돌아올 것을, 학교로 가는 것에 의미를 두지 않을지도 모른다. 그렇지만 나에게는 많은 가치가 있다. 분명 이득이 있는 일이기 때문에 하는 것이다.

통학을 하는 것 이외에도 생활에서 이와 비슷한 예가 많이 있다. 등산을 한 번 생각해보면, 산꼭대기까지 올라갔다가 다시 내려올 것이면서 열심히 땀을 흘리며 올라가는 이유는, 비록 올라갔다가 다시 처음 지점으로 내려와서 벡터량은 0이지만, 이동거리로 생각하면 왕복한 것이므로 그 거리만큼 다리로 운동을 하였고, 그에 비례하게 건강에 도움이 될 것이고, 산 정상에 올라갔을 때 느끼는 쾌감과 흘린 땀을 시원하게 씻어주는 바람과 위에서만 볼 수 있는 풍경을 만끽하기 위해서 다시 내려올 것을 알면서도 열심히 올라가는 것이다.

다시 되돌아온다는 것에 초점을 두고 생각했을 때 벡터 이론에 반대된다. 내 삶에 있어서 바른 길로 앞장서서 좋은 방향으로 항상 나아가야 하겠지만 그렇지 못할 때도 있을 것이다. 그럴 때에는 엉뚱한 길로 갔다가 다시 제자리로 돌아와야 할 것이다. 또, 수학적 개념을 알기 쉽게 설명하기 위해 편법을 사용해서 가르치는 경우가 있다. 편법을 알고 학생은 몇 문제는 쉽게 풀지 몰라도 응용문제가 나온다면 풀지 못할 것이 분명하다. 원리를 모르기 때문이다. 그렇기 때문에 모든 문제는 원리로 되돌아가서 해결한다.

이제까지 내가 쓴 말이 어쩌면 하찮게 보일지도 모른다. 그렇지만 이런 글을 쓰면서 여러 가지 생각을 할 수 있었다는 점과 이 생각을 함으로써 앞으로 좀 더 나은 방향으로 나아갈 수 있다는 생각을 했다는 점에서 시간낭비가 아니라 이득이 되었다고 본다.

'나는 정말 벡터다'

보통 공간 도형은 고정된 수의 계산, 고정된 도형이 주를 이루지만 벡터는 수학영역 중에서는 특이하게도 스스로 방향성을 갖는 동적인 존재라는 점에서 나와 같다는 생각이 들었다.

나는 무엇인가 외적인 힘이 나를 억누르는 것을 싫어하는데, 벡터는 모든 것의 시작점인 0에도 고정되지 않는 점이 이런 나와 닮았다. 나는 지금 내가 지금 가진 것으로 미래의 나를 지향하며 달려가려고 하는데, 자신의 크기와 방향으로 어디에서 부터든지 시작할 수 있는 벡터를 보면서 정말 '이건 나구나'하는 생각이 들었다. 또한 나는 고정되지 않아 항상 어디론가 나아갈 준비가 되어 있는 벡터와 같아서 변화를 좋아하고 도전하는 것을 좋아한다. 벡터는 스칼라와는 달라서 지나온 길이 같은 곳을 지나게 되면 이전의 값은 벡터에서는 의미가 없다. 대학을 다시 들어와서 학업을 시작하는 나는 지나온 과거에 연연하는 스칼라라기보다는 다시 한 번 출발점에서 앞으로의 길을 설계하는 벡터이다. 꿈꾸는 내 미래의 모습이 때로는 너무나 멀게 느껴지기도 한다. 하지만 무언가를 이루어내리라 믿기지 않았던 작은 점들이 무한히 모여 하나의 벡터를 이루듯이 순간순간 나의 현재를 올바른 방향으로 열심히 살아가면 꿈을 이룰 수 있을 것이라 믿기에 '나는 정말 벡터다'.

1988년 5월 1일을 기점으로
목표를 향한 거침없는 반직선을 그리며

함수를 정의역으로서
나의 치역을 찾아가는 중이며

슬픔과 기쁨 모두 경험으로 표현되는
절댓값 같은 인생관을 가지고

나 자신과 1만을 약수로 가지는
특별한 존재 소수이고 싶은

아직은 베일에 싸여있는 미지수

벡터로 표현된 삶

Ⅰ.

수학적으로 나 자신을 표현한다면 벡터로 표현하고 싶다. 벡터는 크기와 방향을 가진 것인데, 나를 '크기'로 나타내고, 내가 가고 싶은 목표를 향해 나아가는 것을 '방향'으로 나타낼 수 있겠다. 벡터는 그림 1과 같이 직선으로 나타내어지는데, 내가 나의 목표를 향해 나아갈 때는 그림 2와 같이 구불구불하게 목표를 향해 나아갈 지도 모른다. 하지만 결국은 그 목표에 도달해 시작점에서 도착점까지 일직선으로 나타낼 수 있을 것이다. 이것은 그림 3과 같이 나타낼 수 있다.

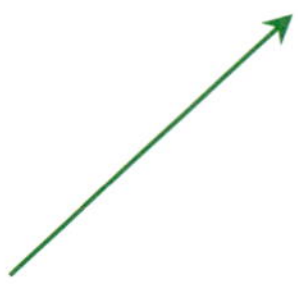

그림 1

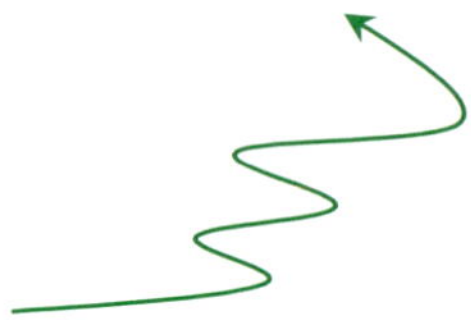

그림 2

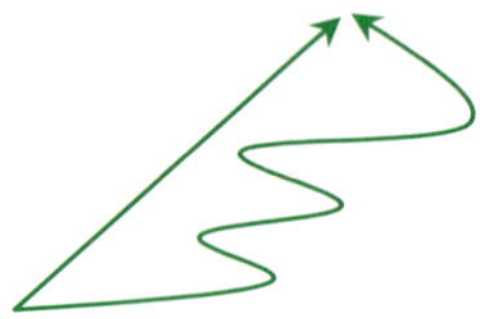

그림 3

현재 내가 원하는 삶을 잊지 않고, 그 삶을 이루기 위해 부단한 노력을 하며 살고 싶다. 그래서 나이가 들어 삶을 되돌아보았을 때 부끄럽지 않기를 바란다.

Ⅱ. $\lim_{n \to \infty} \sum_{i=1}^{n} \vec{v_i}$

사람의 관계라든지 인생과 생활 전반은 사람과 사람 사이에 미치는 영향력이 제일 중요하다고 해도 과언이 아닐 것이다. 나 스스로 그리고 다른 사람들이 나에게 미치는 영향으로 변화를 거듭해오고 있다. 이 수식은 나에게 미치는 영향으로, 내가 어떠한 생각을 하고 있고 어떠한 위치에 있으며 어떠한 생활을 하고, 했었는지, 그리고 내가 다른 사람들과 영향을 서로 주고받으면서 어떠한 나로 나아갈 것인지를 모두 표현하는 것이다. 벡터의 성질 자체가 방향과 크기를 나타내기 때문에 이 벡터 자체를 여러 가지 성분을 가진 벡터라고 가정하면 (사람들이 사람에게 서로서로 미치는 생각도 여러 종류로 분화되기 때문)벡터 $\overrightarrow{v_i}$을 나 자신이라고 가정하면, 나 스스로도 사람들에게 미치는 영향력이 있을 것이기 때문에 여러 가지 성분을 가질 것이다. 그 벡터에 다른 사람들의 여러 가지 영향을 벡터 합으로 계산하면 나의 과거나 현재를 알 수 있고 미래에 대한 것도 예측할 수 있다.

피타고라스 정리로 표현된 삶

Ⅰ. $a^2 + b^2 = c^2$이 주는 교훈과 해석

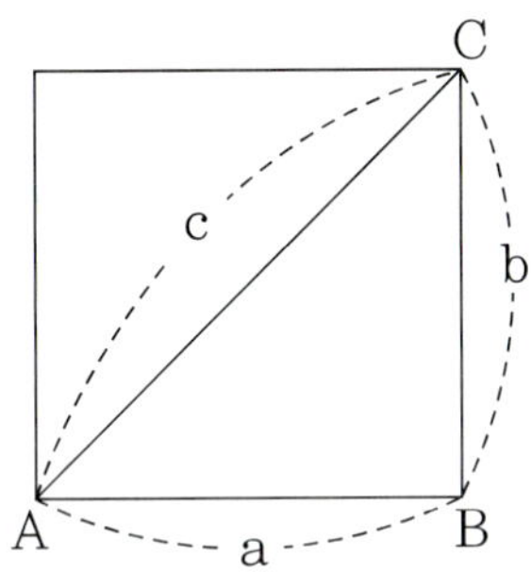

살아가면서 수많은 문제에 대해 생각해보지만, 그것은 생각으로 그칠 때가 많다. 살아가며 맞닥뜨리는 문제를 사각형으로 표현해 보면, A는 지금 내가 있는 위치, C는 해결점이다. A에서 C는 보이지 않는다. 그리고 C에 닿기 위한 막연한 생각들을 해보지만, 그 길이 쉽게 보이지 않고 결국 생각으로 그칠 때가 많다. C에 도달하기 위해서는 우선 B라는 단계를 거쳐야 한다. 그리고 B라는 위치를 기록

해두고 C를 모색하기 시작할 때 B의 위치에서는 C라는 도착점이 보인다. A에서 B까지는 눈으로 볼 수 있는 거리, 그리고 B에서 C까지도 눈으로 볼 수 있는 거리다. 당장 C에 도달하는 방법이 보이지 않는다면 B까지 가야 한다. 그리고 C에 도달하기 위해 B에서 시작해야 한다. 이 과정을 거치다 보면 C에 이르는 지름길인 대각선을 깨우치게 된다. 또 다시 어떤 유사문제를 만났을 때, 빠르고 슬기롭게 해결할 수 있는 방법을 알게 되고 그 문제 상황을 잘 이해할 수 있을 것이라 생각한다.

B를 거쳐 C에 도달해본 사람은 그 문제 상황을 잘 이해하므로 빨리 C에 도달하는 지름길과 그것이 도출된 원리를 함께 알기에 유사상황을 신속히 해결하고 새롭게 응용하고 창조하는 법을 깨우치겠지만, 누군가 C에 이르는 공식을 가르쳐주고 단순암기로 그친 사람은 그 상황만을 모면할지 모르겠으나 곧 망각하고 유사문제 상황에 오류를 범할 것이라고 생각한다.

A에서 B까지의 거리는 a, B에서 C까지의 거리는 b, A에서 C까지의 대각선 거리는 c이다. a, b, c의 거리를 도출하는 방법인 피타고라스의 정의와 A에서 C는 보이지 않는다는 공간적인 성질을 통해 인생의 문제를 해결하는 방식과 인생을 시간적으로 분절적인 상태로 인식하고 그 순간 최선을 다해 한 단계 밟아가는 삶의 방식, 인생관을 유추해 냈다.

Ⅱ. 알 수 있는 삶을 향해

다음 그림의 왼쪽은 지금까지 살아온 나의 삶이 널리 알려진 수학공식인 피타고라스의 정리 $a^2+b^2=c^2$ 조차도 허락하지 않을 정도로 혼란스럽고 복잡했기 때문에 이렇게 표현을 하였다.

오른쪽 그림은 이제는 이러한 혼란스러움과 복잡함이 사라져 가장 널리 알려진 수학공식인 피타고라스의 정리 $a^2+b^2=c^2$이 허락될 수 있도록 했으면 좋겠다는 바람에 표현해보았다.

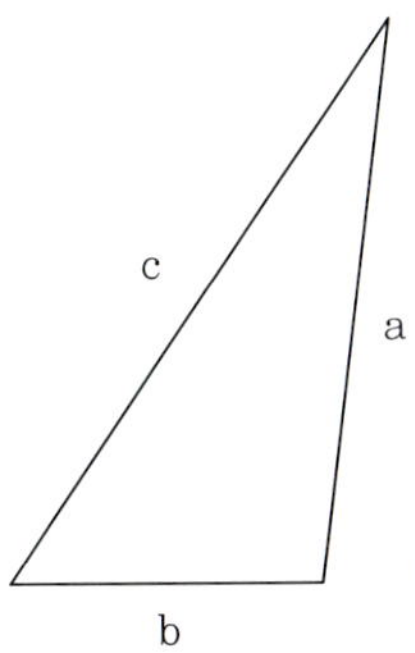

일 때,
$a^2+b^2 \neq c^2$

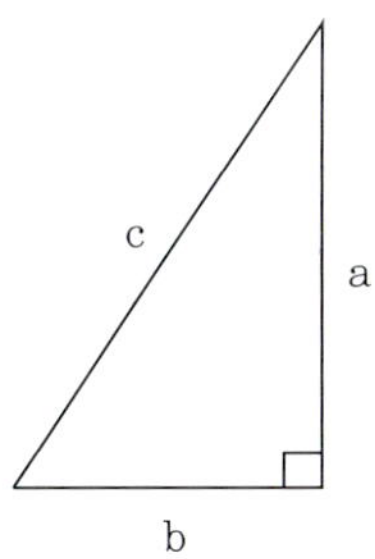

일 때,
$a^2+b^2=c^2$

Ⅲ. 부모님께 물려받은 피타고라스 정리

언젠가 부모님께서는 내게 말씀하셨다. '아빠가 가진 인문학적 능력의 최대치와 엄마가 가진 자연과학적 능력의 최대치가 네 안에 온전히 내재되어 있을 것'이라고. 비단 능력의 측면만이 아니더라도 나란 존재는 아버지가 보여주신 희생의 제곱값과 어머니가 보여주신 자애의 제곱값이 있었기에 존재할 수 있었다. 그것은 세상 어느 누구도 부인할 수 없는 사실이다.

나를 특징짓는 그래프들

1. $X = 23$

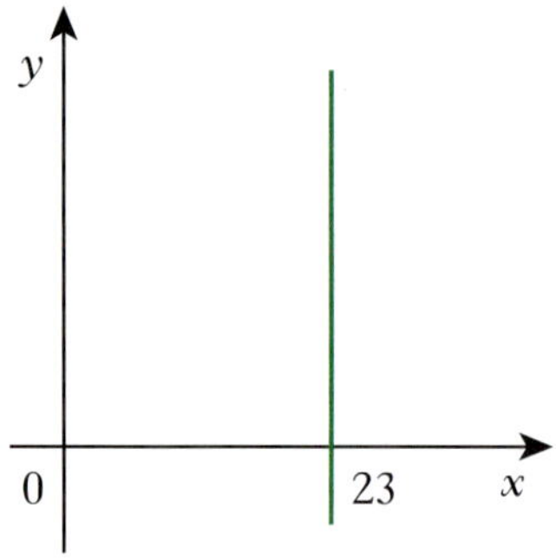

$x = 23$이라는 y축에 평행하는 함수값으로 표현할 수 있다. 23이라는 x값에 머물러서 무수히 많은 경험(y값)을 하고 있다.

2. **원에서 반원에 대한 원주각은 항상 직각이다.**

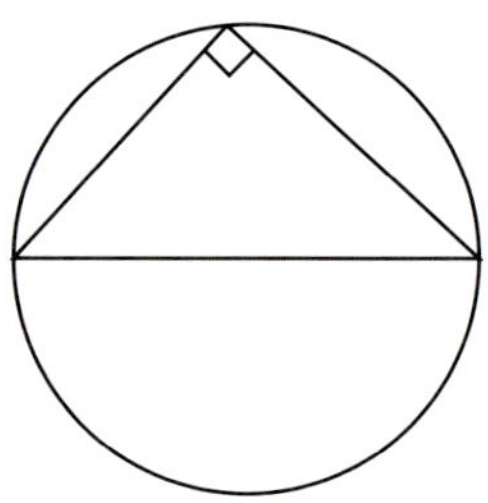

나는 학교라는 테두리(원) 안에서 그 중심에 서서 항상 같은 일상(원주각)을 반복한다.

3. **피타고라스정리**

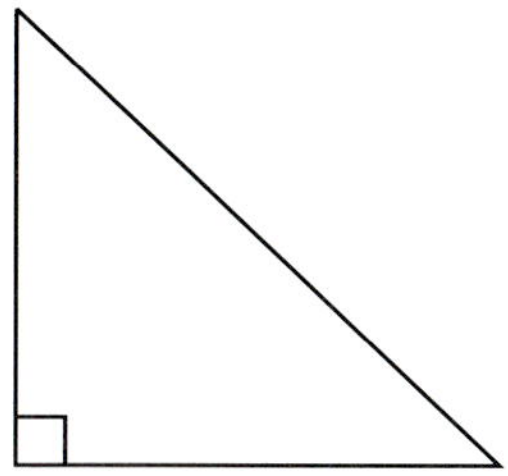

한 변 제곱 더하기 한 변 제곱은 가장 긴 변의 제곱이 되는 것처럼 지금의 나는 학교생활과 아르바이트로 하는 바리스타로서의 생활이 합해져 비로소 나의 생활이 되는 것 같다.

피보나치수열로 본 나의 삶

Ⅰ.

나는 내 인생을 피보나치수열로 표현하고자 한다. 1을 초항과 둘째 항으로 시작하는 피보나치수열은 앞의 두 항의 합이 새로운 항으로 형성되는 수열이다. 즉, 1, 1, 2, 3, 5, 8, 13, 21, 34, … 으로 숫자들이 나열된다. 아직 짧은 나의 인생도 이 수열과 닮아 있는 듯하다. 과거의 경험이나 느낀점 등 일상에서의 나의 모습은 어느 시점의 나를 새롭게 형성하고 그 모습들이 또 다른 새로운 인간인 나를 무한히 만들어 나간다. 항들이 늘어날수록 피보나치수열의 숫자들이 커지는 것과 같이 나의 일생도 항상 발전해 왔다고 장담할 수는 없다. 하지만 미래의 나의 모습들이 지금보다 발전될 수 있도록 끝없는 노력을 할 것이라고 나 자신과 약속을 한다.

그리고 피보나치수열의 또 다른 특징이 앞에서 언급한 내 자신과의 약속이 지켜진다면 장밋빛 미래를 예견해 주는 듯하다. 그 특징은 황금비와 관련된 것이다. 피보나치수열의 비율을 알아보면 다음과 같다.

1	
1	1
2	0.5
3	0.666667
5	0.6
8	0.625
13	0.615385
21	0.619048
34	0.617647
55	0.618182
89	0.617978
144	0.618056
233	0.618026
377	0.618037
610	0.618033
987	0.618034
1597	0.618034

값이 커지면서 앞 값과의 비율은 0.618034 … 로 굳어진다. 이 값은 황금비이다. 이처럼 피보나치수열의 앞날은 황금비와 연결된다. 나도 피보나치수열처럼 인생을 살아간다면 삶은 황금비처럼 될 수 있을 것이다.

나는 열심히 살았다고 확신한다. 후회스러운 날들도 있었지만 그런 시간들조차도 지금의 내가 있게 한 시금석이었을 것이다. 먼 훗날 죽음을 맞이하면서 나의 인생을 돌아보았을 때 후회스럽지 않고 '참 잘 살아왔구나!'라는 말이 나올 수 있도록 앞으로도 열심히 살아갈 것이라는 약속을 다시금 해본다.

Ⅱ.

나는 나 자신을 피보나치수열로 표현했다. 피보나치수열은 '0, 1, 1, 2, 3, 5, 8, 13, 21, 34, 55, 89 …' 등으로 표현한다. 즉, 피보나치수열은 앞의 두 수를 더한 수이다. 나라는 사람이 이전보다 더욱 발전하고 있다는 것을 보여주는 것이다. 또한 피보나치수열이 자연계에서 존재하는 수열이라는 점에서 나 자신이 거대한 자연 속의 한 인간으로서 자연에 대해 겸손할 줄 알아야 함을 의미하기도 한다.

문득 떠올린 생각으로 지금 나의 체중이 불어나는 걸 보고 피보나치수열처럼 불어나는 것 같다는 생각을 해본다. 웃긴 생각이지만 이 상황을 다른 상황에 적용해보니 좋은 면도 있다는 걸 알게 되었다. 단순하게 1, 2, 3, 4 … 로도 불어난다고도 할 수 있는데 왜 피보나치수열을 끌어들이느냐는 반문에는 단순하게 수가 불어난다는 것보다는 피보나치수열처럼 처음에는 조금씩 커지다가 나중에는 매우 대단한 수로 커진다는 것을 표현하고 싶었다.

우스갯소리로 몸무게가 불어나는 것 같다는 생각을 했지만, 이것을 어떻게 보면 앞으로 살아가면서 느끼게 될 행복이나 만족감 등의 좋은 것들이 불어나는 것을 기대해본다.

처음에는 지수처럼 한 번에 크게 커져간다는 것을 생각하기도 했지만 살면서 그렇게 한 번에 커지는 것은 거의 없다. 이전 것과 지금이 더해져서 더 많은 것이 생겨나는 피보나치수열이야말로 모든 이들이 바라는 인생의 지향점이 아닐까?

나의 인생 함수는 하트 모양으로

나의 삶을 함수식으로 표현해보면 다음과 같다.

$$17x^2 - 16|x|y + 17y^2 = 225$$

혹자는 이 함수식이 무엇을 나타낼까 의아해 할 것이다. 이 함수식을 그래프로 그려보면 다음과 같이 그려진다.

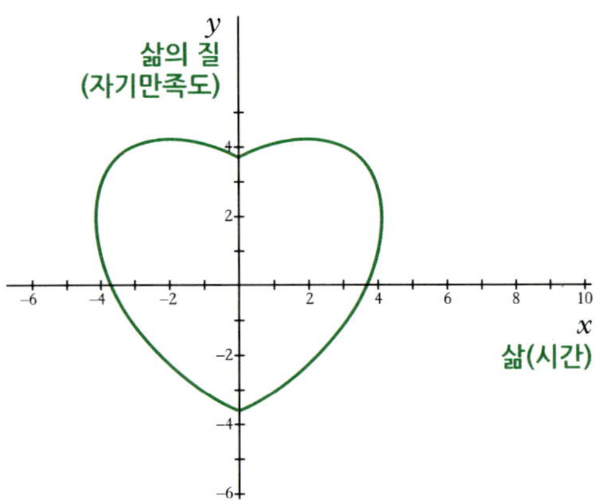

위 그래프를 보면 알 수 있듯이 함수식은 '하트'를 나타낸다. 하트는 '사랑'을 나타내기도 하고, '심장'을 나타내기도 한다. 나는 두 가지 모두를 가지고 싶다. 우리의 이웃들을 '사랑'하고, 그 이웃들을 사랑할 수 있는 따뜻한 '심장'을 지닐 수 있도록 노력하겠다.

x축은 '삶(시간)'이라 보았고, y축은 그에 따른 '삶의 질'이라 보았다. 삶의 질은 개인마다 다를 것이다. 나는 삶의 질을 자기만족도, 즉 즐거움, 깨달음, 다른 사람과의 소통이라고 정했다. 삶을 살아가면서 어떤 때에는 삶의 질이 높을 때도 있을 것이고, 낮을 때도 있을 것이다. 하지만 이는 모두 '하트'를 그리기 위한 과정이다.

미지수 앞의 계수들(17, 16, 17)과 우변의 225를 바꾸어 보면, 하트 모양이 지금보다 더 크고 예쁠 수도 있고, 또 지금보다 더 작고 못난 하트가 될 수도 있다. 더 크고 예쁜 하트가 된다면 더 큰 사랑을 이웃들과 함께 할 수 있다는 것이고, 더 작고 못난 하트나 더 작은 하트가 된다면 그만큼 내가 잘못된 방향으로 가는 것이고, 바른 방향으로 가도록 수정해야 함을 의미한 것이다. 이 숫자들은 내가 노력하는 여하에 따라 바꿀 수 있는 숫자들인 것이다. 보다 크고, 예쁜 모양의 하트를 가슴 속에 그리며 살아가도록 노력해야 겠다.

002
미·적분, 통계, 규칙성

미분가능 vs. 적분불가능

> 미분가능이란 말은 말 그대로 미분이 가능하다는 것이다. 미분을 접점에서의 접선의 기울기로 보면, 미분가능은 접선의 기울기를 구할 수 있다는 것이다. 이것은 또 접선을 그릴 수 있음을 의미한다. 미분가능을 이해하기 위해 미분불가능을 생각해보면, 곡선의 경우 어느 한 점에 대해 하나의 접선을 그릴 수 있지만, 뾰족한 부위의 끝점에서는 접선을 정의할 수 없다. 여러 개, 거의 무한개의 접선을 그릴 수 있기 때문이다. 어느 한 점에서 미분가능이란 말은 그 점에서 오직 하나의 접선을 그릴 수 있다는 것을 의미한다.
>
> –(미분적분 1 – 기울기와 극한의 상상 중에서)

사람은 일관성이 있어야 한다. 교육자로서도 올바른 잣대를 가지고 일관성을 가지고 학생을 대해야 한다. 미분, 한 점의 기울기를 구하는 것이 언제나 가능한 것은 아니다. 먼저 세 점이 연속되어야 하고, 그 세 점이 일직선 위에 있어야 한다. 하지만, 곡선도 미분이 가능하다. 그것은 왜일까? 곡선의 일부분을 확대하면, 확대할수록 직선이 되기 때문이다. 사람은 일관성을 가져야 한다. 하지만 융통성이라는 게 없으면 안 된다. 일관성을 가지고 똑같은 상황이면 오직 하나의 답이 나오지만, 그 결과가 모여지면 결코 뾰족하지는 않지만, 곡선이 되는 그런 융통성도 가져야 한다. "한 선에서 미분가능한 조건은 세 점이 연속되어야 한다." 이것은 점이 모여야 선이 이뤄지는 것을 알려준다. 점이 모여 선이 되고, 선이 모여 면이 되며, 또 면이 모여야 입체가 되는 것이다. 지금의 나의 행동은 점이지만, 언젠가 선과 면, 그리고 입체가 될 것이다. 나의 하나하나의 행동이 채워져 입체가 되길 바란다.

나는 선을 만든 후 적분을 해 입체가 되긴 싫다. 성실함을 가지고 모든 일에 임할 것이다.

평균은 항상 전체적인 모습을 나타내는 척도가 될 수 있을까?

평균은 전체적 모양을 나타내는 좋은 방법이다. 하루의 평균기온은 하루 기온의 평균값인데 그 날의 최고 기온과 최저 기온을 더해 2로 나누어 나타내기도 한다. 시험을 보고 난 후 학생의 평균점수는 얼마나 열심히 공부했는지 말해 준다. 평균수명은 한 나라의 국민들이 평균적으로 어느 정도 오래 살 수 있는가를 보여주는 지표로 우리나라는 대략 78.6세(2007년)이다.

그러나 평균만으로 집단내의 구성원들이 어떻게 서로 다른지, 서로 어느 정도 흩어져 있는지를 말해주지 못한다. 예컨대 어느 마을의 평균소득이 연간 천만원이라 하자. 옆 마을의 평균 역시 천만원이라고 가정해보자. 이 때 평균소득이 같다고 해서 이 두 동네의 수입정도가 같다고 할 수는 없다. 첫 번째 마을은 모두 소득이 비슷한데 두 번째 마을은 부자와 가난한 사람들이 섞여 산다고 하면 평균소득은 이런 경우를 설명해 줄 수가 없다.

다소 과장된 우스운 예가 있다. 한 사람이 왼손은 −30°C의 냉동실에 넣고, 오른손은 70°C나 되는 뜨거운 물 속에 집어넣었다고 상상해 보자. 이 때 평균이 20°C라고 해서 이 사람이 아주 편안한 기분을 유지하고 있다고 할 수는 없다.

또 다른 예다. 1920년대 중국은 내전으로 전운이 감돌고 있었다. 이 때 병사들을 이끌고 적진을 향해 가던 한 장수가 작은 강을 만나게 된다. 장수는 그 동네 노인에게 강의 평균수심이 얼마냐고 묻는다. 노인의 답변은 평균 수심이 140cm라고 했다. 장수는 평균수심이 140cm이고 병사의 평균 키가 165cm이므로 걸어서 행군이 가능하다고 판단해서 진격을 명한다. 그러나 강 가운데의 수심은 병사의 키보다 훨씬 깊어서 모두 물에 빠져 버렸다는 이야기도 있다. 강을 건너는 데는 평균수심이 아닌 가장 깊은 곳의 수심이 문제가 된다. 평균이 생사람을 잡은 경우이다.

미래를 예측

인간은 미래를 예측할 수 있을까? 드라마를 보거나 책을 읽다 보면 과학적이지 못한 방법의 점쟁이들의 말을 믿고 미래를 결정하듯 쉽게 믿어버리는 경우를 많이 볼 수 있다. 그걸 보고 사람들은 요즘 같은 과학적 사고가 일반화된 사회에서 어떻게 그렇게 비상식적인 생각을 할 수 있냐며 비웃곤 한다. 그럼 과학적인 방법, 수학적인 방법으로 미래를 예측할 수 있다면?

우리는 우주의 현 상태를 과거의 결과로 그리고 미래의 원인으로 생각해야 할 것이다. 자연에 존재하는 모든 것과 그 존재에 작용하는 모든 힘을 이해할 수 있는 마음이 있다면 그 마음은 우주에서 가장 큰 물체의 운동과 가장 작은 원자의 운동을 동일한 법칙으로 통일할 수 있을 것이다. 그 마음에는 불확실한 것이 전혀 없으며 미래 또한 과거와 같이 현존하고 있을 것이다.

요컨대, 어느 순간에 존재하는 모든 것과 그 존재에 작용하는 모든 힘을 알 수 있다면, 미래를 완벽하게 점칠 수 있다는 말이다. 이런 믿음을 단순화하여 수학적 표현으로 나타내면 다음과 같다.

함수 $y=f(t)$를 생각해 보자. t는 시간이고, t초 후의 장소가 y이다. 어떤 사물의 '현재'($t=0$)의 장소는 $y=1$, '현재의 상태'(기울기)는 $f'(t)=2t$라고 하자. 그러면,

$$f(0)=1$$
$$f'(t)=2t$$

의 해를 구함으로써 함수 $f(t)=t^2+1$를 얻게 되고, 이 함수에 의해서 t초 후에 어떤 사물이 존재할 장소를 완벽하게 얻을 수 있다.

이도 역시 미래의 일을 예측하는 것이다. 하지만 이 방법이 아무리 과학적일 수 있더라도 분명 예측할 수 없는 일이 발생할 수 있을 것이다. 나는 이렇게 말하고 싶다. 비과학적이라 믿지 않는 것이 아니라 미래는 그 누구도 예측할 수 없다고 미래는 현재를 어떻게 살아가느냐에 따라 달라지는 것이다.

미분적 사고와 적분적 사고

우리는 살아가면서 매일 매초마다 생각이란 것을 한다. '밥은 무엇을 먹을까?', '수학 숙제는 어떻게 할까?', '시험 결과는 어떨까?' 이렇게 생각을 하는 과정을 우리는 사고라 한다. 이러한 사고에는 미분적 사고와 적분적 사고가 있다. 가령 자동차를 볼 때 차를 바퀴, 엔진, 디자인으로 하나하나 뜯어서 생각하는 것이 미분적 사고라면 반면에 적분적 사고는 바퀴와 엔진이 적절히 모여 디자인된 저 차로 무엇을 할 수 있을까를 총체적으로 파악하고 생각하는 사고이다.

숲을 보느냐 나무를 보느냐의 차이라고 말할 수 있다. 숲을 본다는 것은 전체적인 광경과 흐름을 한 눈에 파악한다는 것이고 나무를 본다는 것은 숲을 구성하고 있는 각 개체에 관심을 기울인다는 것이다. 우리는 생활에서 보통 미분적 사고를 많이 한다. 즉 모든 물건을 볼 때나 사고를 할 때 나누고 분석하는 활동을 많이 한다는 것이다.

이러한 미분적 사고로 인해 우리는 전체적으로 보는 활동이 많이 결여되어 있다. 즉, 적분적 사고의 필요성이 대두된다는 것이다. 그렇다고 해서 적분적 사고만을 요구하는 것이 아니다. 모든 활동에 있어서 미분적 사고와 적분적 사고가 적절히 혼합되어 사용되어진다면 그보다 더 좋은 사고 활동은 없을 것이다.

아이들을 지도할 때에도 어느 한 가지 사고 활동만을 강조할 것이 아니라 두 가지 사고 활동의 장단점과 혼합사고의 중요성을 이야기 해주어야 할 것이다. 아이들은 특히 물건을 볼 때 그것의 색깔이라든지 형태 등 외적인 요소의 분석에 관심을 가지며 즐긴다. 그러나 분석과 함께 그러한 외적 형태가 모여 이룬 그 물건이 가지는 가치나 효용에 대해서 생각해 보도록 함으로써 아이들의 적분적 사고 기능을 활성화시킬 수 있을 것이다. 우리는 아이들 미분적 사고와 적분적 사고를 할 수 있도록 다양한 환경과 방법을 제시해야겠다.

수학법칙과 사회규범은 같다

흔히 '수학' 하면 딱딱하고 재미없으며 외우기 힘든 법칙이나 원리를 외워서 문제를 푸는 과목이라 생각한다. 이 재미없는 수학법칙과 사회규범을 비교하며 생각해본다. 모든 사람들이 사회규범을 무시하고 산다면 어떻게 될까? 당당히 남의 물건을 훔치고 차와 도로의 구분이 없어지고 아마 모든 사회기능은 중지되고 사람들은 말세라고 부를 것이다. 수학의 세계도 마찬가지이다. 만약 '피타고라스의 정리'를 무시한 직각삼각형이 나타나고 '$(-)\times(-)=(+)$'를 무시한 곱셈이 나타난다면 어떻게 될까? 아마 인간세상과 마찬가지로 수학의 세계도 뒤죽박죽이 될 것이다.

이렇게 무시하면 혼란스러워진다는 점 이외에도 수학법칙과 사회규범 사이에는 공통점이 있다. 바로 논리성에 기초하여 여러 사람의 합의에 의해 인정받는다는 점이다. 수학이 논리적이라는 데에는 어느 누구도 이의가 없을 것이다. 그러나 이에 못지 않게 사회규범도 논리적이다. 어떻게 사회규범이 논리적이냐고 반박하는 사람은 논리성에 대한 의미를 잘못 파악하고 있는 것이다. 논리성은 어느 쪽에도 치우치지 않고 중립성을 지키며 어느 쪽에서 보나 모순점이 없다는 것을 의미하다. 사회규범은 모든 사람이 지킬 것을 요구하는 규칙이다. 그리고 이 논리성은 사람들의 합의의 바람이 된다. 합의라 하면 약속이다. 물론 사회규범은 사람들 사이의 약속의 산물이다. 그럼 수학법칙을 수학자들만의 약속이라고 생각하기 쉬우나 이것은 잘못된 생각이다. 만약 슈퍼에서 500원짜리 과자를 사고 1,000원을 주면 당연히 500원을 돌려받는다고 생각한다. 이것은 1,000－500 ＝500 이라는 뺄셈의 법칙에 합의하고 있는 것과 같다. 이렇게 수학 법칙도 여러 사람의 합의에 의해 생명을 유지해나가는 것이다. 이렇게 보면 수학법칙은 사회규범과 같다. 앞으로 '파란불이 들어오면 횡단보도를 건너야 한다.'라는 사회규범과 '$a^2 + b^2 = c^2$'이라는 피타고라스의 법칙이 별 차이가 없다고 생각하면 수학법칙이 지겨운 것은 아닐 것이다. 만약 '$a^2 \Rightarrow$ 횡단보도, $b^2 \Rightarrow$ 파란불, $c^2 \Rightarrow$ 건너가기' 이렇게 생각하면 수학도 재미있지 않을까?

규칙성이 나의 삶의 새로운 이정표 역할

사춘기 시절 나는 너무나 복잡한 세상 속에 나 혼자서 방황하고 홀로 남겨진 나를 바라보면서 답답해하곤 하였다. 세상 어디 하나 나를 이끌어주는 법칙은 없는 듯 하였다. 그래서 혼자 운동을 하거나 뒷산에 올라 혼자 막막한 삶을 달래보기도 하였다.

중1때까지 나는 시골의 단조롭지만 인정있는 환경에서 공부도 열심히 하고 친구들과 바다, 산, 들판에서 자유롭게 살 수 있었다. 그러나 중2때 대구로 전학을 오면서 나의 삶은 너무나 혼란스러워졌다. 복잡한 도시의 삶에 적응이 되지 않아 매일 매일 방황하는 나날을 보내게 되었다.

그러나 세상을 바라보는 눈, 이것이 세계관이나 인생관이 아닐까 생각해 보는데 이것이 지금은 있는 것 같아 그때 그 시절만큼 세상이 혼란스러워 보이지는 않는 듯하다. 그 만큼 세상을 바라보는 일종의 패턴이 내 마음에 자리잡고 있다는 반증일 것이다. 나름대로 세상에 대한 규칙성을 인지하고 그것에 기대어 내 삶의 잣대로 그것이 작용하고 있는 것이 아닐까 생각해 본다.

우리는 자연이 가지고 있는 다양한 규칙을 통해 수학이라는 세계로 입문한다고 볼 수 있다. 내가 그러했듯이 인류가 자연의 규칙을 하나씩 발견하고 그것을 설명하고 그 규칙에 내재된 규칙성을 밝혀내려고 노력해왔기 때문에 수학이 발달한 것이 아니겠는가?

사실 나는 예전에 '수학' 하면 치를 떨 정도로 수학을 포기하고 살았었다. 그 시절에는 수학이 나의 삶과 동떨어진 기하학 정도로만 생각하고 있었다. 그래서 수학은 내 삶과 관련이 없는 추상적인 그 무엇의 극치를 달리고 있다고 맹렬히 비난하고 수학공부에 대한 필요성을 거부했었다.

그러나 오늘날에는 수학이라는 것은 인간세상을 규칙성을 통해서 파악하고 판단하고 행동해 나가는 인간에게 있어서 필요불가결한 학문이라고 생각된다. 인간을 둘러싸고 있는 패턴을 연구함으로써 우리에게 삶의 지표로서 수학이 쓰일 수 있다고 생각된다. 다시 말해 이 세계는 규칙이 있는 세계이다. 내가 사춘기 시절에 느꼈던 그 막막하고 알 수 없는 세계가 아닌 것이다. 알 수 있는 세계이다. 수학이라는 규칙을 통해 바라볼 수도 있기 때문이다. 집을 지을 때, 컴퓨터를 만들 때, 지구가 만들어지고 땅이 깎여 나갈 때 등 우리는 규칙 속에서 살아가고 있다고 생각된다.

나는 또한 미래를 하나의 규칙을 가지고 바라보고자 한다. 정치, 경제, 사회, 문화 등을 총망라해서 내일을 하나의 규칙성을 가지고 바라보려 하며 그런 규칙을 통해 내 삶의 지표를 만들어가고자 한다. 이런 규칙성이 수학이라는 학문의 독특성에서 기인한 것이었음을 진작 알았더라면 하는 후회도 있으나 지금부터라도 수학적 패턴, 즉 규칙성을 통해 세상을 바라보고 인지하고 나의 삶의 판단의 근거로 그것이 작용한다면 수학은 나의 삶과 함께 있는 것이 되는 것이다.

확률과 통계는 나에게 있어 어떤 의미가 있는가?

나는 어느 한적한 마을에서 태어나고 자라났다. 어릴 때 우리 동네 사람들의 삶은 평온하기 그지없는 삶이었다고 생각된다. 나 또한 생활하는데 매우 단순하고 그저 자연과 더불어 재미있게 놀면서 어린 시절을 보낸 듯하다.

그러나 중학교 2학년 때 나는 대구라는 거대한 도시로 전학을 오게 되었고 그 시절부터 나는 매우 복잡하고 혼란스러운 삶을 살아가면서 한치 앞도 보지 못하고 그저 현실을 답답하게만 여길 뿐이었다.

오늘날 내가 살아가고 있는 이 사회 속에서 나의 삶을 구성하고 있는 삶의 각 분야에서 복잡하고 애매한 상황에 처할 경우가 매우 많아졌다. 주식시장의 그 많은 수들, 경제성장률이 어떻고, 물가가 어떻고….

이런 상황하에서 어디에 판단의 근거를 둘 것인지, 어떤 근거에 비추어 어떻게 판단하고 삶을 살아야 할지 막막한 경우가 매우 많다. 또 복잡한 사회를 구성하고 있다 보니 다양한 정보와 그 정보를 일목요연하게 정리하고 분석하고 쉽게 바라볼 수 있게 처리하는 것이 필요하다. 확률과 통계에 대해서 아이들에게 가르쳐야 하는 상황에서 예비교사로서 삶을 영위하고 생산적인 삶을 살아가는 데 있어서 확률과 통계적 사고는 필수적이며 그것을 체득하여 나의 삶의 질을 높일 수 있어야 하지 않을까? 그래야 확률과 통계 시간에 아이들에게 그것을 제대로 이해시킬 수 있지 않겠는가?

따라서 현대사회의 한복판에서 확률과 통계적인 사고를 지닌다는 것은 나를 둘러싸고 있는 세계를 해석하고 판단하고 문제를 해결해 내는 데 있어 유효한 판단력을 지닌다는 의미일 수가 있는 것이다. 주어진 문제를 해결하기 위해, 목적에 맞는 계획을 하고, 자료를 수집하고 수집된 자료를 정리 요약하며, 제한된 정보를 이용하여 전체를 예측하는 과정이 통계의 과정이므로 이러한 과정을 통해 나의 삶을 체계적으로 영위할 수 있을 것이다. 그렇기 때문에 확률과 통계는 21세기의 복잡한 현대를 살아갈 나의 삶의 밑거름이 될 수 있는 분야라고 생각한다.

이제부터 확률과 통계라는 분야가 가지는 의미가 나에게 유의미하게 작용하도록 확률적 사고와 통계적 사고에 대한 이해를 더해가고자 한다. 초등학교 현장에 가서 아이들에게 부끄럽지 않은 선생이 되려면 나를 단련할 필요가 있다고 생각하기 때문이다.

함수적 사고

오늘 줄넘기 연습을 두 시간 동안 하고 나니 몸이 땀에 젖었다. 물로는 갈증을 참을 수 없어 옆에 있던 자판기에 500원짜리 동전을 넣고 음료수를 뽑아 마셨다. 그리고 학교에서 집에 돌아갈 때나 집에서 학교에 갈 때 나는 지하철을 타기 위해 승차권을 받기 위해 기계에 1,100원을 넣고 승차권을 발급받았다. 주위에서 나는 무심코 이러한 일을 반복하였다. 지하철을 타면서 생각해보니 돈과 음료수의 관계, 돈과 승차권의 관계는 우리가 배웠던 함수와 유사하였다.

수업시간에 함수적 사고라는 말을 배웠다. 교과서 설명으로는 '함수 이론에 근거를 두고 현상을 보고 생각하고 규칙을 찾아내는 과정'이라고 한다. 함수 이론에 근거를 둔다는 말은 무엇일까? 약간은 막연한 설명이라고 생각했는데 음료수와 승차권을 뽑는 것을 생각해보니 조금은 이해가 갔다.

함수의 개념은 두 집합 X, Y에 대하여 'X의 한 원소 x에는 Y의 한 원소 y가 하나씩 정해지는 대응'이라고 한다. 그러므로 함수적 사고는 일을 처리할 때 어떤 과정을 거치면 결과가 생긴다는 것을 의미한다. 두 집합이란 일을 하기 전의 상태 x이고, 일이 끝나고 난 결과 y가 있다는 식으로 생각하니 함수적 사고란 말이 그리 어렵게 느껴지지 않았다. 그리고 함수야말로 우리의 주변 현상의 모든 것을 수학적으로 설명하는 법칙이나 규칙을 연구 표현하게 되는 매우 중요한 수단이라는 생각을 했다.

모든 일에는 원인과 결과가 있다. 원인으로 인해 어떠한 물질이나 수, 상황 등이 바뀌게 되는 것이다. 함수적 사고가 부족하다면 '왜 그럴까?'하는 생각이 많이 부족할 것이다.

사과가 나무에서 떨어지는 장면을 보아도 어떤 이는 '사과가 참 맛있게 생겼네. 주인이 없으면 주워가야지'라고 생각하고 또 어떤 이는 '건드리지도 않았는데 왜 사과가 떨어지지? 왜 사과는 위로 올라가지는 않으면서 땅에 떨어지기만 하지?'라는 생각을 했다. 물론 대부분의 사람들은 전자의 경우 쪽이겠지만. 함수적 사고를 많이 하는 사람은 이렇게 사소한 일을 보아도 '왜'라는 의문을 품는다. 모든 결과에는 원인이 있게 마련이기 때문이다. 함수적 사고는 수학이나 과학 공식은 만들 때만 필요한 것이 아니다. 매일 신문을 볼 때도 '왜 이런 일이 일어나게 되었을까?'하는 의문을 품는 것은 매우 중요하다.

수업시간에 막상 와 닿지 않았던 함수적 사고를 이런 식으로 생각하니 정말 중요한 것이라는 생각을 했다. 이렇게 중요한 함수적 사고는 수학시간뿐 아니라 평소의 생활 속에서도 길러줘야 한다는 생각을 했다. 하지만 아이들에게 함수적 사고를 키워야 할 나의 입장에서는 나 자신이 함수적 사고를 많이 하고 있지 않았음을 느꼈다. 어떤 일을 보아도 그러려니 하고 보고 넘기기 쉬운데 이제부터는 예비교사로서의 책임감을 가지고 한 단계 깊고 넓은 사고를 해야겠다는 생각이 들었다.

사랑은 적분하고 미움은 미분하라

고등학교 2학년 때 수학 선생님께서 미분과 적분을 가르치시던 중 하셨던 말씀이다. x에 관한 식을 미분하시던 중에 계속 미분하면 결국 0이 된다고, 그래서 수학자들 사이에 이런 말이 있다면서 농담처럼 하셨던 말씀인데, 한동안 우리들 사이에서 유행처럼 쓰였었다. 그리고 한동안 잊고 있었는데 이번에 생활수학시간에 수학적인 말을 이용해서 자신의 좌우명을 말해보라는 말을 들었을 때 번뜩 이 말이 다시 떠올랐다.

x에 관한 식에서, 적분할수록 x의 차수가 커져가고 미분하면 차수가 낮아지다가 결국 0이 된다. 그래서 '사랑은 적분하여 계속 키워가고, 미움은 미분하여 점점 줄여나가라'는 의미가 된다. 이 말은 단순한 것 같지만, 살아가면서 사랑을 키워나가는 것도 미움을 줄여나가는 것도 모두 쉬운 일이 아님을 느끼게 되었다. 행동으로 옮기는 것이 얼마나 어려운가를 깨닫게 되었다. 그리고 그럴수록 이 말이 가지고 있는 무거운 의미를 되새기게 된다.

처음에 좋아했던 사람들에게서도 안 좋은 면을 발견하게 되고, 그리고는 그 사람이 싫어진다든지, 덜 좋아하게 된다든지 하는 경우가 있다. 그럴 때마다 '사랑은 적분하고 미움은 미분하라.'는 말을 떠올리며 내가 어떤 사람을 좋아하는 마음은 계속 쌓아가야지, 결코 작아져서는 안 된다는 생각을 하면서 나름대로 노력을 한다. 이 말은 또 순간순간 조금씩 생기는 미움은 그 자리에서 바로 미분해버리자는 생각으로 나를 살게 하였다. 그리고 마음속에서 미움을 미분했다고 느낄 때의 기쁨을 즐기게 되기도 하였다.

선생님께서는 그때 농담처럼 하셨던 말씀이 이렇게 제자에게 오래 남아있을 것이라고 생각 못하셨을 것이다. 그리고 친구들과 희희낙락하면서 이 말을 쓰던 그때의 나도 이 말이 나에게 이렇게 오랫동안 영향을 줄지 몰랐다.

하지만 지금은 그때 선생님께서 농담으로라도 이런 말씀을 해주신 것이 다행이라고 생각하고 있다. 이 말이 행동으로 옮기기 어려운 것이라는 것을 느끼고 나서부터는 더욱더 이 말대로 살아보려고 노력하게 되고, 그리고 이런 노력들이 나를 조금이나마 이 말에 가까워지게 하는 것 같다. 사랑을 적분하는 것도, 미움을 미분하는 것도 잊지 않고 평생 살아가고 싶다.

n차식으로 이루어진 함수라면 미분을 계속하면 마지막으로 0으로 가게 된다. 수학은 예외가 있다. 그게 지수함수이다. 아무리 미분해도 변하지 않고 그대로 유지하는 것으로 말이다. 세상을 이해할 때 내가 아는 기본 단위로까지 분해하여 그것을 이해하는 밑거름을 삼고, 어느 정도 이해되면 종합하고 통할할 수 있는 삶의 지혜를 얻기 바란다.

003 수와 기호

짝수와 관련된 인생

Ⅰ.

홀수＋홀수＝짝수

짝수＋짝수＝짝수

자신과 맞은 사람과 함께하면 같이 할 수 있지만

홀수＋짝수＝홀수

짝수＋홀수＝홀수

자신과 다른 사람과는 아무리 함께하려 해도 혼자이다.

인생에 있어서 자신과 맞는 누군가를 만나는 것이 중요하다.

Ⅱ. 나는 홀수가 아니라 짝수이다.

세상에 혼자라고 느낄 수 있는 힘들고 외로운 처지의 사람들에게 손을 뻗어 그들이 혼자가 아님을 알게 해주는 따뜻한 사람이 되고 싶기 때문이다. 또 내가 혼자라고 느낄 때 나의 옆자리를 채워주는 고마운 사람들이 항상 존재한다는 사실을 깨닫고 그 존재에 대한 고마움과 믿음을 바탕으로 그들과 짝을 이루어, 더불어 살아가고 싶다는 의미에서 나는 짝수이다.

Ⅲ. 나 = [노력] ※ [ ] : **가우스 함수**

내가 노력하는 것에 완벽하게 비례해서 성공하거나 만족할 수 있는 단계에 이르는 것은 아닌 것 같다! 하지만 계속해서 노력하다 보면 어느 순간에는 이전보다 한 단계 더욱 나아지고 성숙한 레벨로 와 있는 자신을 발견하게 된다. 한 단계를 올라가기 위해 얼마만큼의 노력이 필요한지는 모르겠지만, 계속 노력하다 보면 언젠가는 한 단계 올라설 수 있다고 확신한다! 꼭 공부뿐만이 아니고 모든 분야가 다 노력인 듯하다. 운동이나 몸 만들기도 그렇고 행복감이나 성적이나 돈도 그렇다.

나눗셈의 의미

예로부터 가을이 되어 추수를 할 때면 우리 조상들은 곡식이나 과일을 모두 다 거둬들이지 않고 꼭 조금씩 남겨 두었다. 벼를 벤 뒤에

는 벼이삭을 논바닥에 떨어뜨려 놓았고, 감나무에서 감을 딸 때에는 꼭대기에 몇 개씩 따지 않고 매달아 두었다. 여기에는 무슨 이유가 있었을까? 겨울은 너무 추워서 먹을 게 없어지는 계절이다. 조상들은 이런 겨울에 먹을 게 없어 짐승들이 굶어 죽을까봐 그들과 함께 나눠 먹기 위해 조금씩 남겨 두었다. 나눗셈의 첫걸음은 이렇게 시작된다. 잘 익은 감을 까치에게 나눠주는 할아버지의 모습, 벼이삭을 두더지와 나눠 가지는 농부의 모습에서 나눗셈은 시작된다.

인류의 역사도 이런 특별한 '나누기'에 힘입어서 전보다 더 풍요로워지고 훈훈해진 경우가 많았다. 그 예로 라듐을 발견한 퀴리부부의 예를 들 수 있다.

라듐을 발견한 퀴리 부부는 가난했다. 가난 때문에 연구실에서의 난방을 충분히 하지 못했고, 그로 인해 추위에 떨며 연구를 할 수밖에 없었다. 하지만 여러 가지 어려움 속에서 퀴리부부는 1898년 결국 라듐을 찾아낸다. 라듐은 피부암을 비롯한 질환에 효능을 보이는데 반해, 덩어리를 추출해 내기 힘들기 때문에 1g에 10만 달러가 넘는다. 어느 날 퀴리부부에게 어떤 사업가가 어머어마한 값을 제시하면서 특허 기술을 팔라고 했다. 퀴리부부는 그것에 대해 한참 동안 의논한 후, 마침내 팔지 않겠다고 했다. 이유는 간단했다. 부자에게 특허를 팔면, 부자는 더 많은 이익을 붙여 상품으로 내놓을 것이고 그렇게 되면 가난한 환자는 라듐으로 치료받을 기회를 영영 갖지 못하게 될 것이 분명하기 때문이었다. 결국 라듐은 모든 인류에게 대가 없이 주어졌고, 그들의 이 숭고한 '나누기'는 수많은 사람들의 가슴속에 따뜻한 감사의 마음으로 새겨졌다.

수학의 참 의미는 바로 이런 것이 아닐까 생각한다. 나누면 나눌수록 숫자는 작아지게 마련이지만 반대로 나누면 나눌수록 삶은 커지고 풍요로워진다. 퀴리 부인처럼 나눔의 참 의미를 알고 이것을 실천한 사람이 수학의 참 의미를 아는 진정한 수학자가 아닐까 싶다.

이진법적인 삶과 십진법적인 삶

이진법적인 삶과 십진법적인 삶의 정의는 무엇이며, 어느 쪽이 나에게 더 유익하다는 생각이 드는가?

이진법은 0과 1로만 구성되어 있다. 이것은 삶에 유추시켜 본다면 극단적인 삶으로 나타낼 수 있겠다. 고민할 시간 없이, 도 아니면 모라는 식으로 화끈하게 사는 것이다. 이에 반해 십진법은 10개의 숫자로 구성되어 있다. 따라서 십진법적인 삶은 여러 가지 선택을 할 수 있는 매우 다양하고 역동적인 삶이다. 하지만 관점을 다르게 본다면 이진법은 확실하게 나의 가치관에 따라 내가 살고자 하는 대로 사는 도전적인 삶이지만 십진법은 나의 가치관을 명확하게 따르지 않고 우유부단하며 뚜렷하지 않은 채로 나 자신의 안위를 따져가며 사는 삶이다. 나는 이제껏 십진법적으로 살아 왔다. 도전했다가 상처받는 것이 두려워 중간의 그저 그런 선택을 해왔던 것이다. 물론 그것이 나에게 더욱 유익했을 수는 있다. 하지만 큰 보람과 성취를 느끼기에는 부족했다. 단지 나 자신만의 안위를 생각해가며 살아왔던 탓이다. 하지만 이제 실패하는 것을 두려워하지 않고, 내가 하고 싶은 것을 도전해가며 살 것이다. 이진법적으로! 진취적으로! 그렇게 나는 살 것이다.

이진법으로 표현되는 나의 삶

나의 인생을 수학적으로 표현하자면 이진법으로 표현할 수 있을 것 같다. 내 인생은 남들과 같이 성공과 실패의 연속이었다.

성공을 1로 두고 실패를 0으로 두면 성공과 실패가 반복되는 게 모든 사람의 인생이자, 나의 인생이었던 것 같다. 우선 이 세상에 축복받으면 태어난 것이 1이었던 것 같고, 그 다음 성장해가면서 가고 싶은 학교로 진학하였던 것이 또 다른 1, 허나 거기서의 성적하락이 0,

이렇게 학창시절을 이진법으로 보내고, 다시 교육대학교라는 원하던 대학교에 입학한 것이 다시 1, 원치 못한 학점을 받은 것이 0, 그리고 연애를 한 것이 1, 그리고 이별한 것이 0…

얼핏 보면 1 또는 0으로 이뤄지는 이 이진법이, 모 아니면 도식의 극단적인 내 인생의 표현이라 할 수 있겠지만, 목표달성 혹은 미달의 두 가지로 이뤄진 내 인생의 표현의 방법이다.

'수'라는 개념은 우리에게 어떤 의미를 가질까?

수라는 개념은 물건의 다수, 대소, 위치, 순서 등을 나타내기 위한 목적에서 생긴 자연수·정수·유리수·실수·복소수 등을 총칭해 부르는 말이다. 자연수에서 시작하여 수의 개념은 점차 확대되어 정수, 다시 유리수·실수·복소수에 도달하고, 더욱 확장되어 다원수로 발전되는데, 이를 통틀어 수라 한다. 1, 2, 3, 4, …, 9, 10, 11, 12,…, 99, 100, 101, … 등이 자연수이다. 인류가 자연수의 개념을 가지게 된 것이 언제부터인지 확실하지 않으나 미개의 전문화 민족

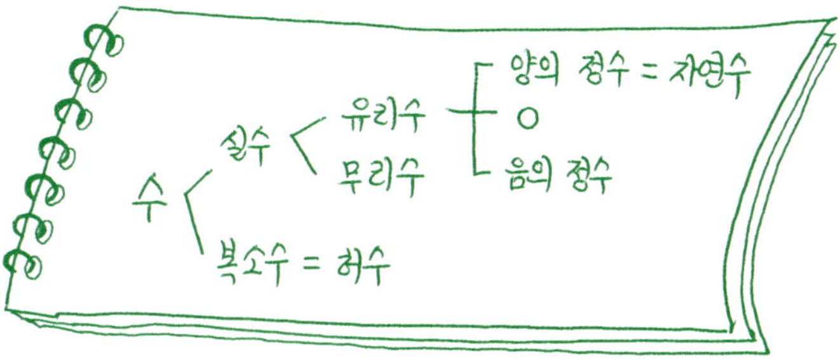

들도 수를 나타내는 몇몇 개인 낱말을 가지고 있고, 또 이 낱말의 개수는 빈약하더라도 센다는 기능은 꽤 많은 개수에 이르고 있음이 알려져 있다. 4000~5000년 전의 이집트나 바빌로니아의 고대국가에서는 100만에서 1000만 정도의 큰 수가 사용되었다고 한다.

따로따로 떨어져 있는 물건의 집합을 세는 데서 자연수가 발생하였으나, 개수를 따질 수 없는, 이른바 연속량을 재기 위해서는 소수 또는 분수가 고안되어야만 했다. 즉 어떤 일정한 단위를 기준으로 하여 연속량을 잴 때는 나머지가 나타나는데, 이 나머지를 어떻게 처리하느냐로 소수나 분수가 생기게 된 것이다. 예를 들면, 막대의 길이가 2m와 얼마간의 나머지가 있을 때, 그 나머지가 m라는 단위를 10등분한 새 단위로 재서 7배였다면 막대의 길이로서 2.7이라는 수치를 얻는다. 이를테면 단위 자체를 세분해 가면 소수를 얻는 것이다. 이와는 별도로, 막대의 길이가 4m와 얼마간의 나머지가 있으면, 그 나머지로 m라는 단위를 잴 때 단위가 나머지의 7배이면 $4\frac{1}{7}$이라는 분수를 얻는 것이다. 또, 소수와 분수는 특별한 관계가 있다.

예컨대, 3.14=314/100나 0.03=3/100 등과 같이 소수라는 것은 10, 100, 1000 등의 특별한 수를 분모로 가지는 분수의 다른 표현이다.

분수로는 잴 수 없는 양이 존재한다는 것은 이미 고대 그리스의 피타고라스학파에 의하여 발견되었다. 예를 들면, 한 변의 길이가 1인 정사각형의 대각선의 길이는 지금은 $\sqrt{2}$ 로 나타내지만, 이것은 소수나 분수로도 나타낼 수 없는 양이라는 것을 알고 있었다. 이와 같은 수를 무리수라 한다. 원주율 π나 자연로그의 밑 e 등도 잘 알려진 무리수이다.

자연수끼리 합하면(덧셈) 자연수가 나오는데, 언제든지 뺄셈이 가능하도록 음의 수가 만들어졌다. 양과 음의 소수와 분수, 무리수를 총칭하여 실수라 한다. 즉, 실수는 유리수와 무리수로 이루어진다. 여기서 유리수란 자연수와 이에 대응하는 음의 수 및 0으로 구성되는 이른바 정수와 이들 정수의 비로서 생각되는 분수로 되어 있다. 실수는 한 직선 위의 점과 일대일로 대응한다. 실수끼리의 사칙, 즉 가·감·승·제는 0에 의한 나누기를 제외하고는 무제한 가능하다.

수의 개념은 이 정도지만 이것이 우리 생활 속에서 어떤 의미를 가지는지는 개념만 가지고는 파악하기 힘들다. 수를 생활 속에 활용하는 예는 관심을 가지지 않는다면 모를지도 모른다. 그러나 수를 생활 속에 활용하는 예는 무궁무진하다. 우선 가까운 가게에서 화폐를 사용하는 그런 기본적인 경우에도 이를 사용할 수 있다. 또한 각종 교통수단에도 그 부품 하나하나부터 조작법까지 수가 들어가지 않는 경우는 없다. 심지어 먹는 음식에도 그 안에 영양소가 얼마나 들었으며 그 칼로리를 얼마나 되는지를 생각하는 경우도 있다. 이와 같이 인간생활과 수의 관계는 떼려야 뗄 수 없는 관계인 것이다.

숫자가 존재하지 않다면

우리는 숫자의 개념 속에서 묻혀 살면서도 그 중요성을 못 느낄 때가 많다. 언뜻 생각하기에 숫자가 없어진다면 복잡한 세상을 더 편하게 살게 될지도 모른다는 생각이 든다. 예를 들면 학점이 없어질테니 평가가 없어질 것이고 그럼 계속 놀아도 된다는 것이기 때문이다(물론 학점 때문에 공부를 하는 것은 아니지만…). 숫자가 없어진다는 상황은 생활 속에서 숫자가 사용되는 경우를 생각해보면 될 것이다. 먼저 학교를 갈 때 어떤 버스를 타야할지 알 수 없다. 버스번호표가 없어질 것이기 때문이다. 그리고 학교 수업시간표가 없어진다. 시간의 개념이 없어질 것이기 때문에 사람들의 약속이 해가 머리 위에 떠있을 때 이런 식으로 정해질 것이다. 그럼 중요한 약속도 지킬 수 없게 되고 이런 식으로 시간을 효율적으로 관리하지 못하게 된다. 내가 좋아하는 드라마도 볼 수 없다. 채널이 정해지지 않기 때문이다. 옷을 살 때나 신발을 살 때도 치수가 없기 때문에 항상 입어보고 사야한다. 하지만 옷이나 신발은 입어보고 신어본다면 정확한 것을 살 수 있지만 그 전에 숫자가 없다면 정확한 형태의 옷이 만들어지지 않을 것이다. 그리고 컴퓨터가 없어질 것이다. 컴퓨터는 2진법으

로 움직이기 때문에 모든 처리가 이루어지지 않는다. 그렇기에 전기나 수도 등 우리에게 필수적인 모든 것이 공급되지 않을 것이다. 그리고 숫자가 없어지면 떨어져있는 친구에게 가족에게 애인에게 전화를 할 수 없다. 주소가 없으므로 편지를 쓸 수도 없다. 그렇기에 혼자 고립된 생활을 하여야 한다.

모든 경제활동도 물물교환으로 이루어져야한다. 돈의 개념이 없어질 것이기에 회사의 개념도 없어진다. 회사에서 일을 해보았자 자신의 가치가 매겨지지 않기 때문에 합당한 월급을 받을 수 없다. 평가의 개념이 없어지므로 사람들은 열심히 하지 않을 것이다. 그럼 우리 사회는 더 이상의 발전이 없겠지.

이렇게 생각하다보니 숫자의 개념이 정말 중요하게 다가온다. 느끼지 못했지만 숫자는 이미 우리 생활 속에서 크게 자리잡고 있다. 숫자가 없는 우리의 삶은 더 이상 생각할 수 없다. 이러고 보니 숫자가 고마워진다.

이런 것들도 정확한 수치로 표현될 수 있다면

얼마전에 친구들에게 오해를 사게 되었다. 다른 친구로 인해서 잘못 전달된 말 때문에 내가 정말 못된 아이가 되어버렸기 때문이다. 지금은 오해가 다 풀렸지만 그때는 너무나 억울했다. 그러면서 '사람의 진실성을 정확한 수치로 표현할 수 있으면 얼마나 좋을까?'하는 생각이 들었다. 숫자가 모든 것을 다 표현할 수 있을 것 같지만 그렇지 못한 것 또한 많다. 그런 것들에 대해서 생각해보자.

먼저 진실성을 수치로 나타낼 수 있다면 얼마나 좋을까? 그렇다면 사람의 신뢰도를 평가할 수 있을 것이기 때문에 작은 부분으로 그 사람의 전체를 파악하는 법은 없어질 것이다. 그리고 내 남자친구가 지금 뭘 할까? 나한테 거짓말을 하는 것은 아닐까? 하는 쓸데없는 고민은 하지 않아도 된다. 이런 것을 수치로 나타낼 수 있다면 이것을 정(正)이라는 단위로 표현하면 좋을 것 같다.

사람에 대한 호감도도 수치로 나타낼 수 있다면 누가 나에게 호감을 가지는지 알게 된다. 그렇다면 서로 마음 맞는 사람끼리 시간낭비하지 않고, 엇갈리는 일 없이 바로 좋은 관계로 발전할 수 있을 것이다. 이것의 단위는 심(心)이 좋을 것이다.

태어날 때부터 자신의 적성을 정확한 수치로 파악할 수 있다면 세계적인 과학자나 수학자가 지금보다 더 많이 나올 것이다. 그리고 이런 입시경쟁에서 벗어나 진정으로 자신이 잘하고 원하는 일의 방향을 일찍 알고 다른 곳에 에너지를 낭비하지 않아도 될 것이다. 이것의 단위는 업(業)의 단위가 어떨까 싶다.

하지만 지금 생각해 보니 진실성이나 사람에 대한 호감도를 알 때가 더욱 살기 힘들 수도 있겠다는 생각이 든다. 사람의 마음은 언제 어떻게 변할지 모르기 때문에 서로 부대끼면서 느끼면서 판단하고 생각하는 것이 더 좋을지도 모른다. 그리고 적성을 정확히 수치로 알게 된다면 적성과 상관없이 그저 그 일이 좋아서 열심히 힘든 역경을 딛고 노력해서 좋은 결과를 성취하는 사람들도 많은데 그런 사람들이 없어지게 될지도 모른다.

그렇게 생각하니 너무 많은 것을 수학적으로 변화시켜 알면 좋을 것이라는 나의 자세에도 문제가 있었던 듯하다.

숫자에도 왕은 있다

어느 수학 책을 보아도 0~9를 벗어나는 수는 없다. 아무리 큰 수라고 해도 0~9 사이의 조합으로 이루어진다. 그럼 '∞'는 무엇이라고 생각하는 사람도 있을 텐데 이것은 단지 9879431…라는 수를 팔

이 아파 다 쓰지 못해 생각해낸 기호에 불과하다. 즉 '∞'도 0~9 사이를 벗어날 수 없다. 분수도 소수도 마찬가지고 실제에는 없다는 허수도 만찬가지다. 물론 가짜수라는 'i'라는 꼬리표를 달고 있지만 기본적으로 0~9라는 숫자들로 이루어진다. 그러나 이렇게 수학의 기본이 되는 숫자들 사이에도 순위는 있다.

순위를 정하려면 먼저 기준이 있어야 하는데 나는 다음과 같은 것을 생각해 본다. 먼저 가장 고전적인 기준인 역사성 즉 어느 숫자의 역사가 오래 되었나 하는 것이다. 두 번째로 특이성이다. 어느 숫자가 얼마나 자신만의 특성을 가지고 있느냐 하는 것이다. 세 번째 기여도이다. 숫자들도 수학의 한 부분을 이루고 있는 만큼 얼마나 수학의 발전에 기여했는가는 이 세 가지 기준으로 숫자들 사이에 순위를 매겨보았다. 그런데 분명히 숫자는 0~9, 모두 10개인데 순위는 1등과 2등밖에 매기지 못했다. 그럼 그 대망의 1등과 2등의 숫자는 무엇일까? 바로 '0'과 '1'이다. 분명히 '0'이 1등이라고 생각하는 사람이 있을 텐데 이는 1에게 아주 섭섭한 소리다. '1'이 바로 1등 숫자이고 '0'이 바로 2등이다. 왜냐하면 먼저 역사성이다. 1이 0보다 오랜 된 숫자라는 것을 누구나 알 수 있을 것이다. 역사성에서 보면 1의 K의 O승(K^0)이 된다. 두 번째 독립성, 이 부분에서는 1이 0에게 밀린다. 사칙연산에서만 봐도 0은 특별한 숫자이다. 곱셈에서 0은 모든 수를 0으로 만들어 버리는 무서운 포식력($x \cdot 0 = 0$, $x \Rightarrow$모든 수)을 나타낸다. 나눗셈에서는 0의 독특한 성격으로 인해 제외된다($5 \div 0 =$이런 것은 존재하지 않는다). 그리고 덧셈과 뺄셈은 0이라는 숫자를 어느 누구도 무서워하지 않는다. 왜냐하면 0의 특성상 빈 것, 없는 것을 의미하기 때문이다. 물론 1도 나름대로의 특성을 나타낸다. 곱셈에서 1은 어느 숫자에게도 영향을 끼치지 않는다($x \cdot 1 = 1$, $x \Rightarrow$모든 수). 이는 나눗셈이나 뺄셈·곱셈에서도 1이라는 숫자는 계산하기 쉬운 숫자로 인식되어 큰 문제가 없다. 꼭 사칙연산뿐만 아니라 다른 분야(log, 미분, 적분) 등 0과 1은 다른 취급을 받는다. 하지만 위의 사칙연산에도 봤듯이 자신만의 독특한 특성이 1보다 0이 좀 더 많이 가지고 있다. 특이성에서 보면 0의 판정승이 된다. 세 번째 기여도이다. 기여도에서 0을 보면 0은 수학발전에 무지 많은 기여를 했다. '10'이라는 숫자를 보자. 만약 '0'이 없었다면 어떻게 표현했을까? 로마 사람대로 표현하자면 'X'가 된다. 그럼 1986은 어떻게 표현할까? 1986은 MCMLXXXVI로 표시된다. 만약 로마 사람들 같이 수를 표시한다면 어떻게 미적분을 연구할 수 있으며 달까지 거리를 어떻게 표현할 수 있겠는가? 이렇게 0이라는 숫자는 수학에 큰 기여를 했다. 그럼 1의 기여도를 보자. 앞에서 보듯 0은 수학에서 아주 큰 발견이다. 그런데 0이라는 숫자가 1이라는 숫자로부터 나왔다면 믿을 수 있을까? 0뿐만이 아니다. 2~9까지 숫자 모두 1에서부터 나왔다. '1+1=2, 1+1+1=3' 이렇게 다른 숫자들이 탄생했다. 덧셈이 아닌 곱셈을 이용해도 이를 알 수 있다. '1×1=1, 11×11=121, 111×111=12312, 1111×1111=1234321' 이렇게 모든 숫자들이 탄생하게 된 것이다. 0은 뺄셈에서 탄생했다고 볼 수 있다.

'1−1=0' 이렇게 0과 다른 숫자들은 1을 가지고 여러 가지 표현을 해보다가 탄생한 숫자들이다. 이렇게 보면 0이 수학에 큰 기여를 했지만 0 또한 1에서 나온 숫자라면 기여도에서도 1이 판전승했다고 할 수 있을 것이다. 이렇게 세 가지 기준을 종합해보면 1이 1등이고 0이 2등이라는 것이 쉽게 이해될 것이다. 0과 1을 제외한 숫자는 서로 태어난 시기도 비슷하고 특이성이나 기여도에서 큰 차이가 없으므로 순위를 매기지 못했다. 만약 이렇게 학교에 수학시간에 제일 먼저 접하는 숫자를 아동들이 각자 순위를 매겨 본다면 얼마나 재미있을까?

4는 동양사상, 원은 서양사상

동양철학과 서양철학을 구분해야 하느냐 마느냐 하는 문제는 결국 동양철학과 서양철학에 차이가 있느냐 없느냐로 해석될 수 있다.

동양에서의 "사방을 살핀다"라는 표현을 서양에서는 '주위를 빙 둘러 살핀다'라는 의미로 'look around'라고 하지 않는가. 또한 '천지사방'이라는 동양적 표현에 반하여 'all around the world'라는 서양식 표현은 역시 동양에서는 네모요, 서양에서는 원을 근간으로 생각한다는 확연한 차이를 보여주고 있다.

옛적에 도시를 건설할 때에도 이러한 사상적 차이가 반영되었음을 알 수 있다. 우리의 서울은 4대문을 위시하여 사방 사십리로 그 크기를 표현하기도 하였지만 서양에서는 모든 길이 로마로 통하도록 로마를 중심으로 방사형으로 뻗은 도로들이 대표되고 있다. 이러한

방사형적 도로계획은 파리를 비롯하여 많은 유럽 도시들의 특징이다.

동양에서는 동서남북 사방의 중심에 인간인 나를 중심으로 하여 사방이 나를 둘러쌌다고 생각한 인간중심사상이 발달하였고 서양에서는 둥근 원안에 신을 모셔놓는 신중심주의사상이 발달하였다.

이와 같이 세계를 대하는 동양인의 시야는 사각형이었고 이에 반하여 서양인의 시야는 원형인 것이다. 그런데 이 사각형과 원의 묘한 관계는 수학세계에서도 나타나고 있다. 즉 원과 같은 넓이를 갖는 정사각형을 그려보려고 2000년 동안이나 수학자들이 씨름을 해온 것이다. 그러다가 약 100여년 전에야 비로소 이는 해답이 없는 문제라는 결론을 내리게 되었다.

아마도 서양철학과 동양철학의 싸움도 결국 그 어느 철학이 우수하다느니 하는 어리석은 다툼이 소용없다는 점을 시사해 준다고 볼 수도 있겠다. 그저 어느 쪽이 좋고 다른 한쪽이 나쁘다는 판단보다는 동양은 사각형이요 서양은 둥글다는 식으로 생각하면서 지내면 될 것이다.

사각형을 표현하는 4자는 여러 가지 재미있는 수학적 성질을 갖고 있다. 4는 2의 제곱이다. 2 곱하기 2는 4가 되는데 이는 4를 최초의 의미 있는 제곱수로 만들어 준다. 2 더하기 2도 4가 되며, 4는 최초의 소수가 아닌 수이다. 4를 지구수(earth number)라고도 하는데 지구에는 4방향의 바람(동풍, 서풍, 남풍, 북풍)과 4가지 원소(흙, 물, 바람, 불) 그리고 4방(동, 서, 남, 북)이 있기 때문이다. 초기에 지구가 둥글지 않고 네모꼴로 생겼다고 생각했던 일이 이해가 될 법하지 않은가.

화투의 짝도 4장씩이고, 트럼프의 패도 4가지로 구분되며, 4계절, 비발디 음악중의 4계 등 4와 관련된 것들을 나열하려면 끝이 없을 것이다.

4는 영어로 four인데 이는 4글자로 구성되어 있으며 영어에서 어느 다른 숫자도 그 수를 표현하는 글자 수와 숫자의 값이 같은 수는 4 외에는 찾아볼 수 없다.

4를 뜻하는 다른 영어로는 tetra와 quad가 있는데 tetragram은 피라미드와 같은 모양인 4면체를 말하며 4개의 꼭짓점을 가지고 있다. 우유상자를 피라미드형으로 만든 테트라헤드론 회사도 있다. tetragon은 네모꼴이고, tetragram은 4글자로 된 단어를 말하며 tetralogy는 가극이나 소설이 4부작으로 된 경우를 뜻한다. 한편 숫자 4에 어떤 신비한 성질을 부여하는 사람들을 tetradite라 한다.

4차원의 세계는 우리에게 무한한 상상의 나래를 펼 수 있는 기회를 부여해 주고 있다. 2차원의 세계에서 우리는 4각형의 도형을 그리고, 3차원의 세계에서는 직육면체를 그린다. 그러나 4차원의 세계에서는 hypercube를 그릴 수 있고 hypercube를 돌리거나 자르거나 하면서 내면의 세계까지 들어가 볼 수 있다. 사이버 공간을 아무런 제약없이 넘나들며 꿈으로만 생각되던 일들을 컴퓨터라는 최신기기를 활용하여 어린 아이로부터 노년에 이르기까지, 가진 자나 가지지 못한 자나 자기의 능력을 계발하기만 한다면 누구나가 백만장자의 꿈을 이루어볼 수 있는 기회를 잡게 될 것이다.

동양의 전통적인 관념인 네모꼴 안에 모든 것을 싸잡아 넣고 생각하려는 좁은 시야를 벗어나야 한다. 네모 안에 들어있는 나 중심의 사고로는 결코 멀리 볼 수 없다. 나 자신부터 그 틀에서 벗어날 수 있게 된다.

우리가 생각해 볼 수 있는 '=, ≠'의 개념은?

수학에서 '='는 보통 '='를 중심으로 양 옆에 위치한 수(또는 식)가 같다는 것을 의미하고, '≠'는 다르다는 것을 의미한다. 하지만 단순히 수학적 사고를 넘어서 내가 생각하는 '='와 '≠' 의미는 좀 다르다. 일단 '='는 '같다'를 의미하는 것에서 '동질적'임을 의미하는 것으로 정의하고 싶다. 오늘날은 온갖 조건을 따지면서 구분하려 하고 다른 것으로 생각하려는 현대인들의 경향이 있다. 이런 데에서 그 존재감의 이질적임이 심화되고, 점점 개인화된 삭막화되는 사회를 살고 있다. '나=너'라는 공식을 '우리는 서로 동질적인 어떤 부분을 나누고 있다'라고 정의하고 싶다. 반면 '≠'는 '나와 너는 틀리다'고 정의하는 대신에 '너와 나는 충분히 다를 수 있다'라고 해서 다양성과 다원화가 존중되는 그런 의미를 담고 있는 식으로 정의하고 싶다. 그러면서도 공통된 그 무엇을 추구하면서 서로 존중하고 사랑하는 사회를 이루도록 말이다.

004
수학이 주는 삶의 지혜

정답 없는 수학

거리를 알고 싶으면 직접 재보면 된다

수학이란 항상 정답이 있고 그 정답은 불변하다고 믿는다. 그러나 그것은 수학자에 의해 정의된 공식과 계산과정을 통해 나온 숫자일 뿐이지 정답은 아니다. 만약 다른 수학자가 다르게 공식을 내리고 다른 계산과정을 설명하여 동의를 구한다면 답은 달라질 것이다.

인생이란 수학과 같이 정답이 있는 듯이 보이지만 정답이 없는 것이다. 다른 사람의 동의를 구한 길이 아닌 내가 선택한 길, 즉 내 계산과정으로 푼 길이 정답이 되는 것이다.

또 수학의 숫자는 상대적이다. 100이라는 숫자가 크다고 생각하지만 1000이라는 숫자 앞에 비교되면 작은 숫자가 되는 것이다. 이것은 우리의 인생과 비교할 수 있다. 우리는 내가 가진 100을 크다고 만족하며 사는데 다른 사람이 가진 1000과 비교하는 순간 내가 가진 100은 작은 것이 된다. 이것에 우리는 좌절하고 열등감을 느낀다. 그

러나 나는 이런 상대적 행복에 열등감을 느끼면 안 된다고 생각한다.

나의 현재 상황은 어찌되었던 내가 선택한 인생의 계산과정에 의해 도출된 결론이다. 만약 다른 결과를 얻고 싶다면 다른 계산과정을 거쳐야 한다. 그것이 더 어렵고 복잡한 계산과정이라 하더라도 내가 원하는 정답을 얻으려면 꼭 거쳐야만 하는 것이다. 이런 인생이 '정답 없는 수학'과 같은 인생이다.

또 내가 살고 싶은 인생은 직접 몸으로 부딪쳐보는 인생이다. 내가 해보지도 못하고 좌절하는 것보다는 먼저 시도해 보고 될 때까지 노력해본 다음에 포기하는 것이 옳다고 생각한다. 내가 하고 싶어도 할 수 없는 일이 많은데 내가 할 수 있음에도 하지 않고 포기한다는 건 인생을 재미없게 사는 것이다.

직접 거리를 알고 싶다면 가만히 앉아 거리를 따지는 것이 아니라 직접 거리를 재기 위해 뛰어나가는 삶을 살고 싶다.

개인의 몸값을 계산할 수 있을까?

몸값을 사전에서 찾아보면 '팔려 온 몸의 값', '사람의 몸을 담보로 받는 돈' 혹은 '사람의 가치를 돈에 빗대어 낮잡아 이르는 말' 등 부정적인 뜻으로 적혀있다. 그러나 현재 '몸값'이란 말은 유명스타나 운동선수들의 가치와 인기를 가늠하는 말로 쓰이거나 일반인들은 자신의 연봉을 가리키는 말과 동일시하며, 그 '몸값'을 올리기 위해 다방면으로 노력하고 있다. 앞으로 '개인 상장 시대'가 올 것이라는 말이 있는데 이런 시대가 실제로 들어선다면 그 몸값 올리기 경쟁은 더욱 치열해질 수밖에 없을 것이다.

이런 시대를 기회로 앞서나가는 사람들도 있는데, 예를 들어 영국에서 음악을 전공하는 캐롤라인이라는 학생은 음악대학 진학을 꿈꿨으나 집안형편이 넉넉하지 못해 포기해야 할 처지였다. 그녀가 이를 해결하기 위해 낸 아이디어가 바로 자신을 대상으로 주식을 발행하는 것이었다. 우선 자신의 음악적 재능을 소개하는 조그마한 광고를 내면서 여기에 명문 음대 합격증도 같이 실었다. 이 광고의 제목은 '재능주를 사 주세요'였다. 호기심이 발동한 전국의 투자자들이 캐롤라인의 미래를 믿고 투자하는 바람에 그녀는 단번에 2만 파운드를 모을 수 있었고, 이 후 캐롤라인은 해마다 주주들을 초청, 자신의 최근 대학성적표와 재무제표를 공개하며 주주들의 호응을 얻고 있다고 한다.

그녀는 자신의 재능을 시장에 공개한 뒤 투자자들에게 자신의 미래를 사도록 설득해 기대 이상의 성공을 거둔 것이다. 어떻게 보면 개인의 상장 시대는 이미 열린 것인데, 이렇게 개인의 몸값을 공개적으로 측정하는 것이 가능하며, 또 윤리적으로 문제는 없는 것일까?

유명 연예인이라면 우선 인물과 몸매, 그리고 가수라면 노래나 춤의 실력, 연기자라면 연기실력이 그 몸값을 측정하는 기준이 될 것이다. 그리고 일반 샐러리맨들은 업무능력, 외국어 실력, 학벌과 외모까지 그 기준으로 삼을 수 있을 것이다. 그런데 지엽적으로 들릴 수도 있겠지만 이런 기준들 이면의 그 사람의 인품이나 지혜, 혹은 지금 당장은 드러나지 않지만 그 사람의 잠재적 능력 같은 것들도 객관적으로 측정할 수 있을까?

당장 드러나는 것들로만 측정해서 몸값을 계산하여 투자가 된다면 아직 드러나지 않은 면면을 갖춘 개인들은 자신을 드러낼 기회조차 부여받지 못하는 결과가 생길 수가 있다. 그리고 인물이나 몸매는 개성으로 생각해 주관적 의미가 될 수 있음에도 이를 정형화된 수치로 계산한다면 모두가 거기에 맞춰서 인위적으로 변형할 수밖에 없을 것이다. 재능이나 능력을 키워서 자신의 가치를 올리려는 노력은 긍정적으로 생각할 수 있지만, 개인의 몸값을 측정하는 기준에 많은 문제가 있으며, 특히 사람의 가치를 객관적으로 측정하는 자체가 윤리적으로 큰 문제가 있다고 생각한다.

우리에게 가장 중요한 시간, 시기, 일, 사람은 무엇입니까?

지금 가장 중요한 시간은 지금 이 순간인 것 같다. 어떤 시간이 소중했는지 중요했는지 떠올리는 중에도 벌써 몇 초가 쏜살같이 지나가고 있다. 우리가 특별한 생각없이 숨 쉬고 있는 이 순간에도 계속해서 시간은 흐르고 있다. 시간은 잡을 수도 멈출 수도 되돌릴 수도 없다. 의미 없이 지나가고 있는 몇 초들을 모으면 몇 분이 되고 이 몇 분들을 모이면 시간이 되고 그 시간들이 모이면 하루가 되는 것이기 때문에 그 몇 초가 너무 소중하다고 생각한다. 원래는 몇 시간이나 몇 분에 신경 쓰고 관심을 가졌는데 이 문제를 생각하면서 시계 안의 가장 길고 얇은 바늘이 가리키고 있는 그 초들의 소중함에 대해서 다시 생각해 볼 수 있었다. 수학적으로 계산해보고 더 효율적이고 도움이 되는 방향으로 생활해야 한다.

그리고 우리에게 중요한 일은 현재 지금 하고 있는 일뿐 아니라 자신이 행복하게 할 수 있는 일이 아닌가하는 생각이 든다. 일이라는 노동에 따른 가치를 따져 그에 대한 대가를 받게 되는데 여기서도 수학적인 의미를 발견할 수 있다. 예를 들어 두 가지 경우가 있다고 하자. A라는 사람이 a라는 회사를 다니는데 월급은 100만원으로 많지 않은 돈을 받고 다니지만 너무 행복해 한다. 지금 하고 있는 일이 적성에 잘 맞고 하고 싶어 하던 일이기 때문이다. 회사의 복지도 좋은 상태이다. 그런데 b회사에서 좋은 조건의 요구가 들어왔다. 월급이 160만 원으로 현 회사보다 60만 원을 더 준다. 하지만 이 직장에서 하는 일은 전공은 했지만, 일을 하면서 행복한 마음을 갖지는 못할 것 같다는 생각이 들어서 고민하고 있다.

이럴 때 기회비용이라는 경제적인 개념으로 이해할 수도 있고 어느 것이 더 수학적으로 이익이 되느냐를 생각해 볼 수도 있다. 일에 대한 만족감이 보이지 않는 것이기 때문에 객관적인 지표를 만들어 수량화시킨 후 비교해서 어느 회사가 더 나은지 비교해 볼 수 있을 것이다. 여기서 내가 보기에는 자신이 행복할 수 있는 일을 하는 것이 바람직하지 않을까 하는 마음이다. 그래서 나는 지금 너무 행복하다. 내 꿈을 이룰 수 있는 곳에 내가 다니고 있고 속해 있기 때문이다. 작년에 수시로 다른 학교에 붙었던 나는 정시에는 원서를 내볼 기회도 갖지 못하고 교대를 포기해야만 했다. 하지만 그 이후 너무나도 힘들고 괴로운 시간들을 보냈었다. 가끔씩 내가 그때 힘들고 무기력하게 보냈던 한 달 동안 내 계발을 위해 시간을 보냈었다면 얼마나 좋았을까 하는 후회를 하기도 한다. 그래도 그 한 달 동안 깊은 고민끝에 1년이라는 시간동안 다시 꿈을 향해 도전했다는 그 자체에 나는 큰 의미를 두고 있다. 1년이라는 기간이 수학적으로 봤을 때 참 많은 일들을 할 수 있는 시간이다. 초로 계산해도 어마어마한 시간인데 나는 그 기간 동안 오직 하나를 위해 노력해왔기 때문에 절대 후회가 남지 않는다. 그 덕분에 지금 이 자리에 있고 이 수업을 듣고 과제를 하며 생각할 수 있기 때문이다.

우리에게 가장 중요한 것은 지금 현재 자신에게 주어진 것을 소중하게 생각하는 것이다. 현재 나와 연락하는 사람, 알고 지내는 사람이 중요하고 소중하다는 것을 알고 좀 더 신경 쓰고, 지금 일에 만족을 느끼면서 최선을 다하고, 나에게 주어진 시간을 남보다 더 의미 있고 생산적으로 쓰도록 해야겠다는 생각을 했다.

'나는 누구인가'라는 질문에 수학적으로 대답할 수 있는가?

소크라테스가 '너 자신을 알라'는 유명한 말을 남긴 이후 자기 자신에 대한 앎은 철학에 있어 가장 중요한 주제 중의 하나로 다루어져 왔다. 자기 자신을 아는 주체만이 스스로를 다스릴 수 있고, 스스로 목표로 하는 이상에 도달하기 위해 어떤 노력을 해야 할지를 결정할 수 있기 때문이다. 세상이나 타인에 대한 앎을 추구하기에 앞서 나 자신이 누구인지를 이해하는 것이 중요하다는 사실에는 의심의 여지가 없다. 수학적 사고를 통해 나 자신에 대해 파악한다는 것은 과연 가능한 것일까? 19세기 이후의 철학자들과 정신분석학자들은 자신에 대해 알 수 있다는 주장에 비판적인 입장을 취했다. 자기 성찰은 과학적 관찰의 조건을 충족시키지 못하므로 진정한 자기 자신에 대한 앎을 제공하지 못한다고 본 것이다. 객관적인 관찰이 이루어지기 위해서는 관찰자와 관찰대상 간의 일정한 거리가 필요한데 나에 대한 앎은 대상과 관찰자의 혼동을 배제할 수 없고 관찰자인 내가 대상인 나를 주관과 허영심에 따라 수정할 수도 있으므로 나에 대한 객관적인 지식은 불가능하다는 것이다.

다시 말해 타인이 없다면 나 자신에 대한 나의 앎은 독단이나 환상에 머무를 위험이 크다는 것이다. 우리는 주위 사람들의 객관적인

시야를 통해서만 스스로에 대한 인식을 수정할 수 있다. 변해가는 시간 속에서 타인과 끊임없이 충돌하고 부딪히면서 구축된 구체적인 나에 대한 인식이야말로 진실된 자기 인식이라고 할 수 있다. 자신을 발견해 가는 것은 타인과 함께, 타인 덕에 자신의 미래와 과거를 이해해 나가는 것이다.

'나는 누구인가'에 대한 정확한 답을 얻기 위해서는 무엇보다 나에 대한 수학적 검토가 필요하다고 생각할 수 있다. 실제로 심리학은 통계학과의 연계를 통해 자아에 대한 보편적인 답을 제공하고자 하기도 했다. 내가 어떤 사회에 살고 어떤 계층에 속해 있으며 나의 직업이 무엇인지, 그리고 나의 취미활동, 월급, 취향은 어떤 특징을 지니는지에 대해 면밀히 분석하여 수학적으로 나타내는 것은 나를 알아가는 또 다른 방법이 될 수 있다. 물론 이 경우 '나 자신을 다른 사물처럼 관찰·분석할 수 있는 객체로 설정할 수 있는가'하는 문제가 제기되며, 나의 특수성이 일반화된 수치에 따라 간과될 위험성도 적지 않지만, 자아의 수학화가 의미 있는 작업이라는 것은 분명하다. 그러나 '나는 누구인가'라는 질문보다 중요한 것은 '나는 어떻게 되어가고 있는가?'에 대한 답일 것이다. 타인와의 관계 속에서 끊임없이 자기 자신을 검토하고 비판하는 과정을 통해 우리는 진정한 자아에 이를 수 있게 될 것이다.

수를 사랑하는 방법은?

대부분의 사람들은 숫자만 보면 골치가 아프다고 한다. 하지만 숫자에 대하여 조금만 관심을 가져보면 자기도 모르는 사이에 숫자를 좋아하게 된다.

정말 우리 주위는 숫자로 가득차있다. 신문을 보면 오늘의 날짜가 눈에 띈다. 출근하면서 자동차들의 번호판을 만난다. 주식시세나 주가, 은행 통장의 예금 잔액, 약속 시간, 오늘 방문할 거래처 수 등 숫자를 빼놓고 살아갈 수 없는 세상이다. 주부들도 마찬가지다. 가계를 걱정하는 일이 자연히 숫자로 연결된다. 이번 달의 생활비, 아이들이 돌아오는 시간과 학원비, 아빠의 흰 셔츠 5장, 접시 42개, 모두 숫자다.

그럼 숫자와 친해지고 사랑하게 되는 방법은 무엇일까? 우선 주위의 모든 것을 수학문제로 바꿔서 생각해보는 것이다. 입 하나에는 이가 몇 개 들어 있을까? 1시간은 몇 초일까? 일 년은 몇 분일까? 우리집 울타리는 몇 m일까? 제주도의 해안선의 길이는 약 253km이고 껌 하나는 약 7.2cm이다. 껌으로 제주도 둘레의 길이를 재려면 껌이 몇 개 있어야 할까?

또 숫자를 선택해서 그 숫자와 관련있는 것을 찾아본다. 예를 들어 3을 선택하자. 하루는 아침, 점심, 저녁, 삼원색은 빨강, 파랑, 노랑이다. 시간은 과거, 현재, 미래 등 숫자와 연관시킬 수 있는 것은 얼마든지 있다. 또 속담에 나타난 3을 찾아보자. '서당 개 삼 년이면 풍월을 읊는다', '작심삼일', '내 코가 석자', '세 살 버릇 여든까지 간다', '중매 잘 하면 술이 석 잔, 못하면 뺨이 석 대'.

자신의 취미와도 관련시켜 볼 수 있다. 스포츠가 취미인 경우에는 3자를 등 번호로 갖고 있는 선수들의 이름을 조사해 본다. 야구에서 3번 타자, 3루수, 3루타를 가장 많이 친 선수 등 숫자와 관련된 자료를 얼마든지 수집해 볼 수 있다.

우리가 존재한다는 것에 대해 수학적으로 표현할 수 있을까?

흔히 수학은 합리적이며 정확하고 증명이 가능한 것만 다루는 학문이고, 구체적인 현실에 적용할 때에만 쓸모있는 도구가 되는 것으로 오해되고 있다.

하지만 자연수와 평면기하학의 정확성과 규칙성이 지배하는 초보

산술에서 벗어나면 그 같은 오해도 줄어든다. 어떻게 보면 오히려 수학이야말로 가장 추상적이고 관념적인 진술 체계가 아닐까 하는 생각도 들게 한다. 얼른 보아서는 존재와 초월에 대한 논의는 수리의 세계와 무관해 보인다.

이미지와 실체의 문제를 예로 들어 보자. 이미지는 실체의 일부로서 전부를 드러내는 그 무엇이다. 선이면 끄트머리 같은 것으로, 면이면 가장자리로 그리고 입체이면 표면이 되는데, 수학은 다차원으로 갈수록 입체 표면의 비중이 커짐을 증명해 준다. 1차원 선의 끄트머리 10분의 1은, 2차원 면의 가장자리가 되면 100분의 19가 되고, 3차원 입체의 표면이 되면 1000분의 271로 비중이 커진다. 그리하여 무한대 차원에서는 마침내 표면이 곧 실체의 전부가 된다. 0차원 점에서는 끝도 가장자리도 표면도 없어 이미지가 곧 실체였던 것처럼 말이다.

기하에서 0차원은 점이고, 1차원은 선이며, 2차원은 면, 3차원은 입체로 비유된다. 그런데 점은 선의 단면이고, 선은 면의 단면이며, 면은 입체의 단면이다. 이것을 대수로 표현하면 $n-1$차원은 언제나 n차원의 단면이 되는데, 그것은 우리가 도형으로 표현할 수 없는 차원에도 유추되어 적용될 수 있을 것이다. 곧 0차원인 점이 1차원인 선의 단면이고, 2차원인 면이 3차원인 입체의 단면이었듯이, 우리가 살고 있는 3차원의 세계는 시간이 개입되어 기하학적으로 표현하기 어려운 4차원 세계의 단면이 된다.

상대성 원리가 밝혀지면서 4차원의 세계가 우리 삶의 실제적인 공간으로 다가오자 많은 학자들은 그 새로운 차원의 세계를 도형화해 보려고 머리를 쥐어짰다. 어떤 학자들은 부피를 가진 입체를 단면으로 삼는 나선형의 띠나 뒤틀린 다면체 따위를 고안해내기도 하였지만 아직 4차원 세계를 성공적으로 도형화하지는 못한 것 같다. 다만 대수의 추상성과 물리학적 추론의 결합은 4차원 공간을 시간으로 중첩된, 또는 병렬된 3차원의 공간이라는 데 대체로 동의하는 듯하다. 곧 현재의 세계를 그 단면으로 삼고 과거와 미래의 세계로 무한히 이어진 시공의 연쇄로 보는 듯한데, 여기서 중첩이니 병렬은 편의적 표현이다. 곧 그 시공이 수직으로 쌓여져 있느냐 수평으로 펼쳐져 있는 것이냐는 3차원적 세계에서의 표현 차이에 지나지 않기 때문이다.

시간의 가치는 모두에게 똑같을까?

사람들은 똑같이 하루에 24시간을 부여받아 그 시간들을 살아간다. 비록 태어난 시간과 죽는 시간은 다들 달라 총 살아간 시간을 계산해보면 다 다르겠지만, 하루가 24시간이라는 것은 누구에게나 동일하다. 하지만 누구에게나 똑같이 주어진 시간인 24시간은 그 가치마저 모두가 같을까? 내 생각은 그렇지 않다고 생각한다. 어떠한 사람들이 보낸 동일한 시간 동안에 한 활동에 있어 그 만족감의 크기와 질에 따라 하루를 고작 6시간의 가치로만 낭비한 사람이 있을 수도 있고, 또 다른 어떤 사람들은 30시간이나 되는 질 높은 시간의 가치를 보낸 사람들도 있을 것이다. 이 때문에 누구나 하루를 24시간으로 보낸다는 똑같은 공식을 적용한다는 것은 때로는 어리석은 일이다. 또한 시급이라는 개념도 있다. 피씨방 알바나 고기집 서빙 알바를 하면 시급이 4,000원이다. 하지만 과외를 하거나 멘토링을 하면 시급이 최소 12,500원이다. 이처럼 동일한 1시간에 대해 한 일에 대해 돈으로 가치를 매겨보면 이렇게 차이가 난다.

완전히 사회에 나가 월급이나 연봉으로 따지고 보면 차이가 더 큰데, 이 갭을 줄여주는 가장 가까운 일은 공부라고 생각한다. 고등학교 시절 누구나 다 하는 생각이 있다. 이런 공부 지금 한다고 해서 나가서 쓸모있는 것도 아닌데 왜 해야 하는 걸까? 또, 공부로 왜 이렇게 순위를 매기고 대학교를 정하는 걸까? 하고 말이다. 하지만, 내가 대학교에 오면서 생각하고, 주변 사람들과 이야기를 하면서 느끼는 것이지만 공부를 잘하는 사람은 다른 것도 다 잘하는 것 같다. 공부라는 것이 그 사람의 능력을 평가한다기보다는 그 사람의 성실성, 어느 하나에 집중하는 열정을 테스트하는 것이라고 생각한다.

정말 답은 하나뿐일까?

이렇게 수많은 나라들 사이에서 공통된 하나의 약속을 찾으라면 그것은 수학이다. 그만큼 수학이 요구하는 답이 정확하다는 의미이기도 하다. 일반적으로 수학 문제를 풀 때 답은 하나로 정해진다. 풀이하는 과정에 있어서 수학 문제를 접하는 방식에 따라 조금씩의 차이는 있을 수 있지만 결과적으로 답은 하나로 정해지는 것이 일반적이다. 이 때문에 보통 수학을 좋아하는 사람들은 이러한 수학의 깔끔하고 정해진 불변의 원칙 때문에 흥미를 느낀다고 말한다.

하지만, 이 세상을 살아가는데 있어서는 답이 꼭 하나라고 할 수는 없다고 생각한다. 이는 우리가 일반적으로 무의식적으로 생각하고 있는 답은 하나라는 수학의 원리와는 조금은 다르게 생각할 수 있는 기회를 제공해준다. 인생은 자신이 어떻게 세상을 해석하느냐에 따라 답이 하나로 정해질 수도 있고 그렇지 않을 수도 있다. 이에 나중에 내가 선생님이 되어서는 학생들에게 답은 하나라는 편견을 심어주지는 않을 것이다. 또한, 한번에 너무 완벽한 답을 추구하게 하지도 않을 것이다. 지금의 교육은 답을 하나로 정해두고 다른 답은 모두 틀렸다고 처리한다. 하지만 그 답이라는 것이 지금은 완벽하지 않은 미완성의 어떤 것일지는 모르지만 조금씩 완성을 추구해나가는 과정을 통해, 즉 한 인간이 살아가면서 조금씩 배워나갈 경험들을 생각하다면 결코 틀렸다고 처리할 수는 없는 것이다.

1+1=10이 되는 아이들의 덧셈지도

20세기의 유명한 발명가 에디슨은 학교교육에서는 거의 낙제점을 면치 못하였다고 한다. 그래서 집에서 어머니의 가르침을 받았다. 그냥 생각하기에는 그런 천재적인 학자가 학교교육을 받는 데 있어서 어려움이 있었을까? 그가 천재이기 때문일까? 학교교육이 잘못되었기 때문일까?라고 할 수 있다. 그러나 나는 그를 가르치는 선생님에게 문제가 있다고 생각된다. 그는 1+1=1이라고 수학시간에 대답했다. 예를 들어 물 한 방울과 물 한 방울을 더하면 물 한 방울이 된다. 이것만 단순히 생각하면 그 주장 또한 일리가 있어 보이기 마련이다. 하지만 이는 조금만 생각하면 아이들에게 이해시킬 수 있는 문제이다. 단순한 물 한 방울이 아닌 양적으로 생각하면 처음 물 한 방울보다 더해진 물 한 방울이 분명히 두 배가 될 것이다. 물 같은 양적인 물건을 단순히 그 형태만을 가지고 이해한다면 잘못된 것이다. 그래서 이를 설명하지 않은 선생님의 잘못이 더 크다. 그 당시뿐만 아니라 현재 우리나라의 초등교육도 이와 마찬가지이다. 단순히 1+1=2라는 사실을 왜 그렇게 되는지 생각해보고 가르치는 교육이 아니라 단순히 외우게 하는 교육이 대부분을 차지한다. 그 원리를 설명하지 않고 그 계산만 단순히 외우게 하는 것이 잘못된 것이다. 아이들이 왜 1+1=2가 되는지에 대해 명확한 이해를 필요로 한다. 그런 이해가 바탕이 되지 않는다면 더 높은 차원의 것으로 발전한다는 것은 거의 불가능하다. 먼 미래를 보지 않고 단순한 외우기식의 교육은 지양되어야 한다. 수학은 단계성이 있다고 생각되어진다. 앞 단계를 잘 하지 못하면 그 다음 단계로 나가지 못한다.

또 다른 예로 어릴 때부터 구구단을 무조건 외우게 하는 경향이 있다. 마치 영어 단어나 공식 외우듯 하는데 이는 물론 모든 곱셈에 기초가 된다는 측면에서는 좋다고 할 수 있겠지만 막무가내로 외우는 학습의 단면을 보여주는 것이다. 왜 그렇게 되는지 설명해서 아이들의 이해가 되면 그 때 외우게 한다면 이해가 되니까 아는 재미도 있을 것이고 좀 더 쉽게 외우게 할 수 있을 것이다. 수학은 먼저 원리를 깨달아야지 그 문제를 해결해 나갈 수 있는 것이다. 이해를 먼저하고 그 다음에 적용으로 나아가는 교육이 현재 아이들에게는 요구되어진다.

1+1=1이라고 하는 아이들에게 그 아이가 이해될 수 있을 때까지 꾸준히 인내심을 가지고 설명한 다음, 그 다음 단계로 넘어가야지 그냥 그 답을 강요한다는 것은 수학을 암기과목으로 만드는 것이 될 수 있을 것이다.

인생이 수학처럼 정답이 있다면

나는 수학일기라는 것을 처음 쓰면서 많은 시행착오를 거쳤다. 처음 일기를 쓸 때는 거의 수학놀이 수준이었지, 일기를 일기라고 생각하지 않고 무슨 답이 있는 것으로 생각하였기 때문이다. 그래서 좀 더 멋진 수학일기를 쓰기 위해 수학이야기책이며, 인터넷이며 자료들을 뒤져서 그것 중 내 생활과 관련이 있는 이야기를 나에게 맞게 고쳐 쓰거나 아니면 전에 교수님이 설명하신 소주 7잔과 비슷한 내용을 찾기 위해 고심했었다. 나의 이런 집요함에 결국 소주 7잔과 같은 원리가 적용되는 것을 억지로 찾아내었고 수학일기를 완성하기에 이르렀다. 물론 내가 대견하였다. 하지만 이런 뿌듯함은 잠시이고 수학일기를 발표하던 날 나는 실망의 도가니(?)에 빠져버렸다. 내가 쓴 일기는 가장 낮은 수준의 것이거나 아니면 아예 일기가 아니라고 하셨다. 이럴 수가! 얼굴이 화끈거렸다. 마치 난 일기를 자기 이야기가 아닌 남의 일기를 훔쳐낸 아이가 된 기분이었다.

나는 초등학교 때부터 고등학교 때까지 개인적으로 수학이라는 과목을 좋아했다. 이유는 간단하다. 대부분 답이 확실하게 정해져 있기 때문이다. 수학문제를 풀면 맞고 틀리고가 확실하다. 그래서 딱 정해진 답을 찾기 위해 노력을 하고, 답이 맞을 때는 일종의 안정감을 느낀다. 그리고 나는 어떤 한 문제를 풀이하는 방법이 아주 많을 수는 없다고 생각하게 되었다. 그래서 이 몇 가지 풀이법이 아닌 다른 방법을 사용하여 문제를 풀게 되면 괜히 불안해진다. 답이 틀릴까봐서이다. 이때까지의 나의 수학공부가 그러했다. 그래서 그런 것인가? 나는 수학일기에 맞는 나의 생각보다 정형화된 답을 찾기 위해 이런 방법을 택했던 것이다. 내 머리에 베여있던 것이 너무나 자연스럽게 나타난 것이다. 답답하게 말이다. 살아가는 것이 공식에 딱 들어맞는 게 아닌데 내가 살아가는 데도 정답과 정해진 풀이방법이 있다고 생각하였다. 그래서 그것을 찾으려고 노력하였다.

나이가 들면서 이런 생각들은 많이 개선되었다. 하지만 또 이런 실수를 범하게 되었다. 사실 살아간다는 게 수학의 원리와는 같지 않다. 예를 들어 함수에서는 같은 수를 넣으면 같은 결과가 나오지만 살아가는 것은 꼭 그렇지만 않았다. 극단적으로 말한다면 같은 노력을 해도, 그 결과가 다른 경우가 많다. 운이나 여러 가지 요인에 의해거나 또 인생에는 수학문제와 같은 정답이 없다. 그리고 다행히 등수도 없다. 정답이 없기에 점수를 매기기가 어렵다. 아마 그래서 등수가 없는 것일 것이다. 그런데 가끔은 이런 생각도 한다. '차라리 답이 있다면 그 답만 찾아가면 되니까 훨씬 쉬울 텐데….' 그러나 지금은 생각이 다르다. 인생에 정답이 있다면 채점도 쉽고, 정답에 다다르는 선택을 하기도 쉽겠지만 각자 나름대로의 방법으로 인생을 즐기기는 어려울 것이라는 생각이 든다. 물론 이것은 훨씬 더 많은 노력과 시행착오를 겪어야 하겠지만 말이다. 21살, 인생을 말하기엔 너무 어린 나이일지도 모른다. 그러나 인생에 대한 21살의 결론을 내린다면 '인생에는 정답이 없다'는 것이다.

반올림과 버림의 차이

인생을 살아가다 보면, 자기 자신이 인생을 살아가는 독특한 버릇이 생기는 것 같다. "삶에 대한 태도"라고도 할 수 있는….

환경은 늘 내 마음대로 할 수 있는 것이 아니다. 수학에도 조건이 주어지면, 그 조건에 맞추어서 풀어야 하는 것처럼, 세상도 주어지는 환경에 맞추어서 살아나가야 한다. 그런데 그 과정 중에서….

그 조건을 어떻게 이용하고, 또 어떤 답을 내리느냐 하는 것은 수학을 푸는 사람의 태도에 달려 있다. 마찬가지로 인생을 살아가는 것도 주어진 환경을 어떻게 이용하고 어떤 결과를 얻어내느냐 하는 것은 그 인생을 살아가는 사람의 태도에 달려 있지 않을까?

그런 생각을 하다가 '반올림'과 '버림'에 대해서 생각해보았다. '사막에서 길을 잃은 사람의 이야기'에서 병에 반만큼 남은 물을 보면서

'아직 반이나 남았군'하는 사람과, '벌써 반이나 없어졌네'하는 사람의 차이는 작은 것 같지만 그 결과는 엄청난 차이로 나타난다. 우선 그 물을 보는 순간, 두 사람은 '천국' 과 '지옥'을 선택하는 것이다. '아직 반이나 남았군'이라고 말하는 사람은 그 마음이 '천국'이다. 막막한 사막에 혼자 길을 잃었을지라도 그 마음이 여유롭다면 무슨 걱정이겠는가! 남아있는 물을 '반올림'해서 답이 나오게 된다. '벌써 반이나 없어졌네'라고 말하는 사람은 그 말을 하는 순간부터 '지옥' 시민권을 얻게 된다. 지금부터는 길을 찾아야 하는 걱정에다가 물이 얼마 남지 않았다는 걱정까지 추가되는 것이며, 거기서 더 나가면 죽음의 위협까지 느껴야 한다. 결국 남아 있는 물이 주는 희망까지도 '버림'이 되는 것이다.

물을 바라보는 시각의 차이가 결국은 그 사람이 평생 '천국'에서 살게 될 것인지, '지옥'에서 살게 될 것인지를 결정하는 것이다.

나는 어떠한가? 지금까지 그랬던 것처럼 앞으로 어떤 일이 일어난다고 해도 '반올림' 하며 살고 싶다. 어차피 환경은 내가 결정할 수 없지만, 그 환경을 경영해가는 것은 바로 '나' 자신이니까.

물병의 반은 물이다. 없어진 물을 '애처롭게' 바라볼 것인지, 아니면 남아있는 물을 '감사하게' 바라볼 것인지는 내게 달렸다. 인간에게 자유의지가 주어진 것은 참 감사한 일이다.

보편 단위가 없는 세상

어렸을 때, 단위를 배우는 일은 나에게 너무 힘든 일이었다. m, cm, L…. 그래서 길이나 넓이나 똑같이 단위를 쓰지 않든지, 같은 단위를 쓰면 얼마나 좋을까 하는 생각을 한 적도 있었다. 수업시간에 보편 단위에 대해 배우면서 아이들에게 단위가 왜 있어야 하는지 단위를 사용하는 것이 얼마나 편한지 알게 해주는 것이 참 중요하다는 생각을 했다.

이 세상에 보편 단위가 없이 모든 사람들이 자기 기준의 임의 단위를 사용한다면 과연 어떨까?

뉴스에서는 앵커가 "오늘 강원도 어느 산에서 길이와 너비가 한 뼘쯤 되고 깊이가 성냥개비 길이만큼 되는 짐승의 발자국이 발견되었다. 동물 연구자들은 이 발자국을 초등학교 6학년 아동 정도 덩치의 한국 호랑이로 추측하고 있다."라고 정확한 정보를 전달하지 못

할 것이다.

정확한 정보 전달을 가장 중요하게 여기는 뉴스에서 '몇 뼘 정도의 길이'라든지 '6학년 아동의 덩치'라든지 이런 말은 정확한 정보 전달도 되지 않을 뿐더러 사람들도 그 크기가 정말 어느 정도 되는지 확실히 알지 못한다.

우리 일상생활 속에서도 쉽게 겪을 수 있다. 만약 엄마가 책상 위에 유리를 덮으려고 아이한테 책상 길이를 재어 오라고 했다고 하자.

엄마 : 얘야. 가서 네 책상길이 좀 재어 오너라.

아이 : 엄마, 한 팔 반이야.

엄마는 '한 팔 반' 길이만큼의 책상에 얹을 유리를 사온다. 그런데 책상보다 유리가 훨씬 커서 얹을 수 없게 되었다. 왜 그럴까? 엄마는 아이의 말만 듣고 자기의 팔 길이로 '한 팔 반' 길이만큼의 유리를 사온 것이다. 아이는 자기 팔로 한 팔 반 정도 된다고 한 것이었는데….

이렇듯 보편 단위가 없이 임의 단위를 사용하게 되면 일상생활 속에서나 국제관계 등에서 거래, 의사소통이 제대로 되지 않을 것이며 너무 불편할 것이다. 정확한 길이도 모르고, 정확한 시간도 모르고, 정확한 온도도 모르고…. 모두들 서로 다른 자기의 기준에 맞춰서 양을 비교하고 말을 할 테니 말이다. 그러므로 보편 단위는 사람들의 의사소통이나 편리성을 위해서 꼭 필요하다.

택시와 시내버스 어느 것이 더 저렴할까?

나는 매일 시내버스를 타고 학교에 온다. 그리고 집에 갈 때에도 보통 시내버스를 이용하지만 어떨 때는 택시를 타기도 한다. 시내버스를 탈 때와 택시를 탈 때 모두 장단점이 있다. 장단점에는 뭐 여러 가지가 있겠지만 수학적인 측면을 고려해 볼 때는 요금에 대해 말하는 것이 좋을 것이다. 우선 시내버스는 단지 1,100원만 내면 자기가 원하는 곳이 가까운 곳이나 먼 곳이나 상관없이 갈 수 있다. 그러나 택시는 다르다. 택시는 우선은 가까운 곳이든지 먼 곳이든지 기본요금이 2,200원을 내야 되고, 2,200원 정도의 거리를 지나게 되면 거리에 대한 추가요금을 내야 된다. 그렇기 때문에 보통 버스가 택시보다 훨씬 경제적이다. 그러나 꼭 그런 것만은 아니다. 택시는 4명이 탈수 있기 때문에 4명이 같이 간다고 하면 어느 정도 가까운 거리는 4명이 택시를 타는 것이 버스를 타는 것보다 훨씬 경제적이라

고 할 수 있을 것이다.

그 예로 우리 학교 학생들이 항상 시내를 나갈 때는 버스보다는 택시를 타고 나가는 편이 많다. 그렇다면 위의 비교를 함수의 그래프를 이용해서 한번 나타내 보았다.

우선은 4명이 같이 이동한다고 가정하고 요금을 Y로 놓고, 이동시간을 X로 두었다. 그렇다면 버스 요금은 $Y=4400$이라는 상수함수가 나올 것이다.

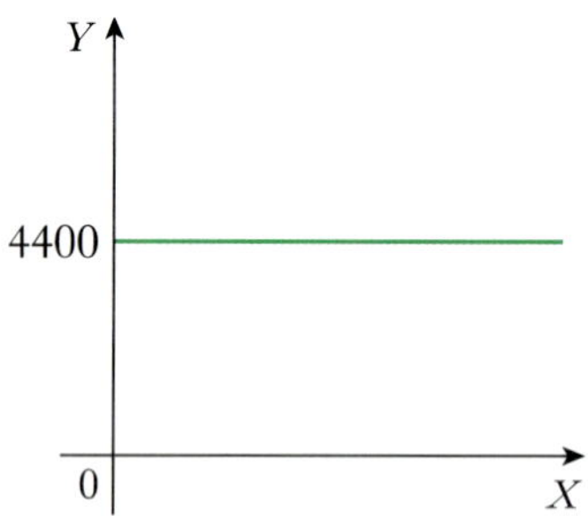

그리고 택시 요금을 함수식으로 나타내면

$$Y = \begin{cases} 1)\ 2200\ (\ 0 < X \le \alpha) \\ 2)\ \beta X\ (\alpha \le X) \end{cases}$$

※ 단 α는 2,200원이 되는 시간을 뜻하고 β는 시간당 요금이 증가하는 양(기울기 계수)을 뜻한다.

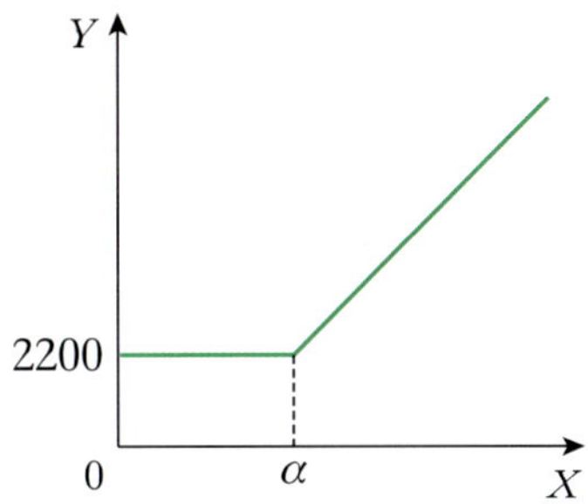

이렇게 나타낼 수 있을 것이다. 그렇다면 이 두 그래프를 겹쳐 비교해 보면 γ까지는 택시가 버스보다 저렴하다는 것을 알 수 있을 것이다.

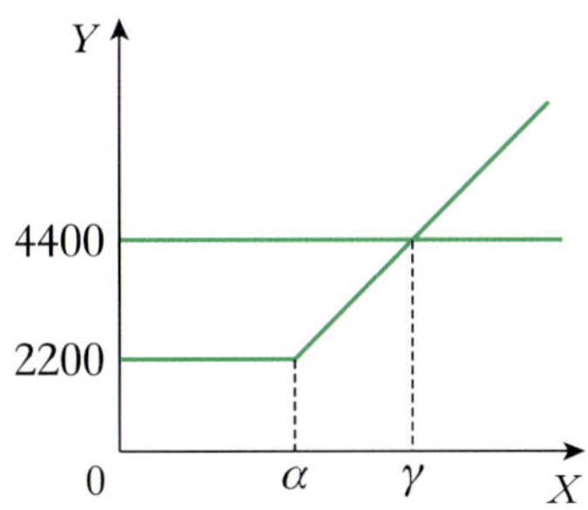

이렇듯 우리가 쉽게 배웠던 일차함수와 그 그래프를 이용해서 내가 매일 겪고 있는 문제 상황을 합리적으로 생각해 볼 수 있다. 이런 것 이외에도 함수는 우리 생활과 밀접하게 연관되어 있는 경우는 무지 많을 것이다. 여러 어려운 함수를 이해하는 것도 중요하지만, 이렇게 생활 속의 문제를 함수로 연결짓는 능력 또한 중요하지 않을까?

005
자투리 생각들

(노력+신뢰)×사랑이란 삶

- 노력 : 노력한 사람들이 모두 성공하는 것은 아니지만, 성공하는 사람들은 노력했다는 것을 잊지 말아야 한다고 누군가 내게 말했다. '노력'은 내가 스스로에게 당당해지기 위한 필요조건이다.

- 신뢰 : 사람과의 관계에서 가장 중요한 것은 신뢰라고 생각한다. 상대방에 대한 신뢰가 전제될 때 열린 마음으로 의사소통을 할 수 있기 때문이다. 그리고 이러한 원활한 의사소통 가운데 서로의 공통점을 발견하는 기쁨을 찾고 유대감을 형성할 수 있기 때문이다. 나의 삶의 방향 중 하나는 신뢰를 쌓기 위한 과정이라고 생각한다.

- 사랑 : 사랑이 가장 중요한 이유는 아무리 자신의 노력으로 신뢰를 쌓는다고 해도 그것이 자신만의 삶을 위한 목적으로 쓰인다면 그러한 삶에서 우리는 별다른 가치를 찾을 수 없다. 나 자신에 대한 사랑은 물론, 상대방을 진심으로 사랑할 수 있을 때 우리 삶은 현재보다 한층 더 질 높은 삶이 될 수 있다.

위의 세 가지 삶의 원칙은 나의 삶이 때로는 어긋나는 길로 비켜나갈 때, 나를 바로 잡아주는 중요한 구심점이 될 것임을 확신한다.

'내가 있는 나'와 '내가 없는 나' : 부분집합 구하기

부분집합에 보면 진부분집합이라는 것이 있다. 만약 {1. 2. 3}이라는 집합의 진 부분집합을 구하면 ∅, {1}, {2}, {3}, {1, 2}, {1, 3}, {2, 3}이다. 전체 부분집합에서 {1, 2, 3} 자기 자신만 빠지는 것이다.

우리는 숨을 쉬며 오늘 하루를 살아간다.

나의 삶은 '나 자신'이라는 집합의 부분집합이라고 할 수 있지 않을까? 나로 인해서 만들어지는 하루하루가 모여서 삶이 되므로…. 그런데 이런 삶 속에 과연 내가 들어있는가? 아니면 내가 해야 할 목표들로만 가득하지는 않은가? 언제부터인가 교대 생활에서 생각되어지는 것이 '목표 지향적'인 구조의 답답함이다.

자기가 정말 좋아서 공부를 하는 아이들을 찾아보기가 힘들다. 자기가 정말 좋아하는 것이 무엇인지 아는 사람도 드물뿐더러 좋아하는 것이 있다고 해도, 수없이 많은 과제에 눌려서 거의 모든 시간을 '해야만 하는 일'로 채우고 있는 것이다. '상대평가'라는 올가미에 목을 메고 이리저리 뛰어다녀야 하는 방법 말고, 다른 방법은 없을까?

그 방법을 찾으려 한다. 그 방법 안에서 '내가 살아있는 시간'을 살고 싶다. 내가 해야만 하는 일들만 가득한 부분집합이 아니라, 나 자신이 그 안에 들어 있는 그런 부분집합을 구하고 싶다.

그래서 진부분집합이 아닌, 완전한 부분집합으로 살아지는 인생이 었으면 좋겠다. 원래 집합들이 다 해산되어서 뿔뿔이 흩어져 있더라도 자기 자신이 그 안에 들어 있으면, 쉽게 원래 집합으로 돌아갈 수 있으며 다른 연산들이 가능하지만, 부분집합들만 늘어져 있고 원래의 집합이 없다면, 그 원래의 집합을 찾아가는 데는 많은 시간과 노력이 소요되는 것이다. 어쩌면 시간과 노력을 다 쏟아부어도 결국에는 원래의 집합을 찾지 못할 수도 있다.

지금 나를 돌아본다. 끊임없이 검산을 해본다. '내가 있는 나인가?', '내가 없는 나인가?', '완전한 부분집합인가?', '진부분집합인가?'

명제로 본 나의 삶

나를 단순한 숫자로 나타내는 것은 단지 표면적으로 드러나는 것 이상의 의미를 지니지 않는 것이기에, 나 자신을 표현하기에는 부족하다. 그래서 좀 더 의미 있게 나를 표현할 방법을 찾다가, 고등학교 때 배운 집합과 명제를 관련시켜 본다.

"명제 P가 참이면 명제 Q도 반드시 참일 때 명제 P는 명제 Q를 유도한다고 하며 P⇒Q로 표현한다. 이 때 Q를 P이기 위한 필요(必要)조건, P를 Q이기 위한 충분(充分)조건이라 한다. 만일 P⇒Q와 동시에 Q⇒P도 성립하면 P는 Q이기 위한 필요조건이고, Q는 P이기 위한 충분조건이다. 따라서 이 경우에는 P는 Q이기 위한 필요조건인 동시에 충분조건이기도 하다. 이와 같은 경우 P는 Q이기 위한 필요충분조건이라 하고 P⇔Q로 나타낸다. P가 Q이기 위한 필요충분조건이면 Q는 P이기 필요충분조건이다."

[P(사회) ⇔ Q(나)]

나는 이 세상에서 '필요충분조건'이고 싶다는 소망이 있다. 필요조건과 충분조건을 동시에 만족할 때 필요충분조건이라는 말을 쓴다. 내가 살아가는 사회가 나에게 있어서 충분한 조건이고 나는 필요조건이지만, 나도 세상에 있어 꼭 필요한 존재가 된다면 세상과 나와의 관계가 필요충분조건이 되지 않을까 생각한다. 만일 이것이 지금은 충족되지 않지만, 이 논리가 합당하게 성립되도록 노력하는 삶을 살아가고자 한다.

우화 『토끼와 거북이』의 경주를 그래프로 나타내 본다면?

처음 토끼는 월등히 거북이를 앞서간다. 그러나 그 오만방자함으로 중간에 낮잠을 자 버리고 만다. 그 사이, 거북이는 느리지만 끈기 있는 행동으로 토끼를 추월하여 마침내 결승전에 도착한다. 그들의 경주기록을 그래프로 나타낸다면 아래와 같다.

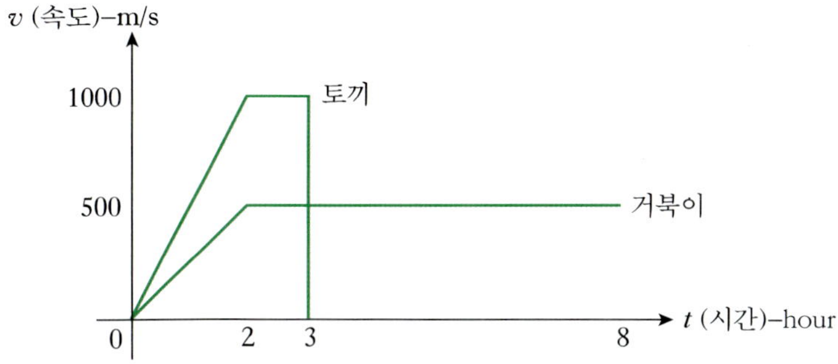

토끼와 거북이는 3500m짜리의 경주를 펼치게 된다. 처음에 토끼와 거북이는 모두 가속도가 붙는다. 그러나 그 차이는 매우 크다. 2시간 동안 가속도가 생기고 그 이후부터는 일정한 속도로 달렸다고 생각해보자. 3시간째에 토끼는 낮잠을 자버리므로 속도가 0이 되어 버린다. 하지만 거북이는 그 이후에도 느리지만 꾸준하게 달리기를 한다. '시간 * 속도 = 이동거리'이므로 넓이를 구하면 이동거리가 나온다. 토끼는 (3+1)*1000/2=2000이므로 2000m지점에서 잠을 잤다. 거북이는 (8+6)*500/2=3500이므로 8시간째에 완주를 하였다. 만약 중간에 토끼가 잠에서 깨서 거북이를 쫓아갔다면 이길 수 있었을까? 그 지점은 어디쯤 될까? 이는 매우 간단하지 않은 문제이지만 거북이가 5시간째에 (5+3) * 500/2=2000m를 갔으므로 2시간 후에라도 토끼가 잠에서 깨었다면 반드시 이겼을 것이다.

단편적인 삶의 단상들

• 0과 1의 관계는? 나와 주변 사람들의 관계

0과 1은 각각 엄마와 딸을 나타낸다. 0은 수직선 정중앙에 위치해 마치 버스 종착점 같은 역할을 한다. 0의 위치에서 새롭게 출발을 하기도 하고, 끝맺기도 한다. 힘들 때면 언제든지 돌아와 쉴 수 있는 편안한 쉼터가 되어 주는 것이다. 지금 타지에서 대학 생활을 하고 있는 내게 엄마는 0 같은 존재이다. 힘들고 지칠 때면 돌아와 휴식을 취하고 새로운 출발을 할 수 있게 도와준다. 반면에 나는 1과 같은 존재이다. 1은 0을 제외한 모든 수가 근본적으로 가지고 있는 요소로써, 어느 누구라도 자식으로서의 부모에 대한 마음을 가지고 있는 것이다. 나는 자식으로서 타지 생활을 하여 몸은 비록 엄마와 떨어져 있지만 마음만은 항상 함께 있다. 또한 엄마와 딸 사이는 세상에서 가장 가깝지만 어느 순간 멀게 느껴지는 사이이다. 이처럼 0과

1은 멀지만 가까운 사이이다. 수직선 상의 차이는 작은 것 같지만 소숫점 하나하나를 따져 보면 꽤나, 아니 무한대로 먼 사이인 것이다.

• 절대 변하지 않는 상수 같은 존재

내게 있어 여러 가지 변수가 있어도 절대 변하지 않는 상수 같은 존재는 무엇인가? 아직은 교대생으로서, 예비 선생님이라는 호칭을 듣기에도 민망하지만 나에게 있어 절대 변하지 않는 것은 아이들에 대한 사랑이 아닐까 싶다. 여러 가지 현실적인 문제로 인해 가슴이 답답하고 머리가 복잡할 때도 아이들의 초롱초롱한 눈망울과 순수한 마음만 보고 있으면 내 머리가 맑아지며 깨끗해지는 것을 느낀다. 아무리 내가 부족해도 항상 나에게 밝고 건강한 웃음으로 답해주는 아이들! 이 아이들을 어찌 사랑 안 할 수 있을까... 아이들이 말썽을 피우거나 말을 듣지 않을 때면 참 얄미워 보이기도 하지만, 그 마음이 나의 진심은 아니다. 아이에게 화를 내고 나서 뒤돌아서면 그 아이에게 한없이 미안하고 괜히 화를 낸 것 같아 후회가 된다. 현직에 나가서도 이 마음 절대 변치 않을 것이다.

• 교집합을 많이, 크게 만들면서 살자

나를 집합으로 볼 때, 다른 사람들과 공감대를 많이 형성하여 교집합을 이루고 될 수 있는 대로 교집합을 크게 만들면서 살아가자는 것이다. 일을 할 때도 교집합을 많이 형성한다면 더 재미있고 보람되게 일할 수 있을 것이다.

• **차원으로 보는 나의 삶**

나의 사고를 수학에서의 차원을 적용시켜 나타내고 싶다. 하지만 나의 사고를 두고 하나의 차원으로 단정지어 나타내는 것은 어렵다고 생각한다. 처한 상황에 따라, 그리고 여러 요인에 의해 나의 사고는 항상 변화 가능하기 때문이다.

나는 자신 외에 다른 것과 접해 있지 않고 홀로 뻗어 있는 1차원의 '선'과 같이 내가 원하는 일에 있어서 자기중심적인 1차원적 사고를 하기도 하고, 어떠한 판단이나 결정을 내릴 때에는 '면'과 같이 단편적이면서 확연히 드러나는 사실만을 받아들이는 2차원적 사고를 하기도 한다. 또한, 여러 각도에서 살필 수 있고 현실 세계에 접해 있는 '입체'와 같이 살면서 어려움에 부딪혔을 때에는 그 해결책을 찾기 위해 여러 각도로 생각해 보는 3차원적인 사고도 하며, 가끔 현실 세계에서 명확히 밝혀지지 않은 4차원과 같이 비현실적이면서 엉뚱한 생각을 하는 4차원적 사고를 하기도 한다.

그러나 대개는 2차원적 사고에 머물러 있다고 생각한다. 이는 항상 분명한 것을 좋아하고 어떤 일이든 꼼꼼히 정리하여 행하는 습관 때문이다. 그러나 인간의 삶에는 많고도 다양한 가능성이 존재하므로 이를 인정하고, 사회의 변화에 발맞추어 일반적이고 보편적인 생각 보다는 다면적이면서 개성적 사고를 하는 것이 필요하다고 생각한다. 따라서 앞으로는 좀 더 다차원적인 사고를 하는 사람이 되려고 노력할 것이다.

• **칠교판**

칠교판은 길이, 각도, 평행선, 직선, 점의 위치별 순서가 모두 다르고 단지 넓이만 같게 만들 수 있는 수학교구이다. 이처럼 나 자신의 본질은 칠교판에서 주어지는 7개의 도형이지만 그 도형을 어떻게 조합하는가에 따라 나 자신은 무궁무진하게 변할 수 있기 때문이다. 그래서 하나의 도형의 틀에서, 숫자 속에 얽매이지 않는 나 자신의 모습으로 살아가고 싶다.

자신의 본질에 대한 정의를 내려보는 과정이 반드시 필요하다. 칠교판으로 만들 수 있는 도형 중 삼각형이나 사각형으로 나의 본질을 말하고 싶지는 않다. 그러나 그 이전에 나 자신의 본질에 대한 이해와 정의가 있어야지 여러 다른 모습의 도형을 만들어 간단하더라도 나라는 본질은 흔들리지 않고 살아갈 수 있을 것 같다.

• **나 = 수직선**

나의 인생 중에 한 점만큼의 시간도 헛되지 않게 빠짐없이 보람된 시간으로 연이어 채워나갈 수 있도록 하자는 뜻이다.

• **인생에서 교환법칙은 성립하지 않는다**

1×30은 30×1과 같지 않다. 이 말이 무슨 말이냐면 졸업 후 아이들을 가르치는 선생님이 되어서 한 학급이 담임으로서 아이들을 대할 때 가지고자 하는 마음가짐을 나타내는 식이다. 한 반의 아이들이 30명이라면 그 30명을 단순히 한 반이라는 단체로 보는 것이 아니라. 한 명 한 명 개성을 가진 아이들이 모여 30명이 된 것으로

보고 싶다는 그런 자세를 갖고 싶다는 식이다.

김용택 시인이 어느 날 교실에 들어섰더니 30명의 아이들이 그저 30명으로 다가오지 않고 한명 한명의 얼굴이 보이게 되었다고 한다. 나도 언젠가는 그렇게 볼 수 있는 선생님이 되고 싶은 그런 생각의 식이라 할 수 있다.

• 나의 인생은 미지수의 조합이다

$$A+B+C+D+\cdots = \text{나의 인생 여정}$$

인생을 살아오면서 내가 예상한 바에 의해 목표를 정하고 그 목표를 향하여 나가는 과정에 있어 정확히 내가 생각하고 진행하는 바대로 되는 것은 아니었던 것 같다. 모든 일에는 예외라는 미지수가 존재하기 때문에 조금씩 나의 목표 행로에 변화가 있어왔고 그 결과로 지금의 내가 존재하는 것 같다.

모든 일에는 조그마한 이유에 의해서도 쉽게 변화하고 변형되어 나타나게 된다. 그래서 우리는 미래를 예측할 수 없고 미래를 예측할 수 없기에 목표란 것을 정해두고 그 목표를 이룰 수 있는 정확한 일들을 해나가는 것이 아니라 목표를 이루기 위한 가능성을 최대로 하기 위해 목표의 길로 가는 최상의 일들을 해나갈 뿐이다. 과거와 현재와 미래는 같은 선상에 있지만 그 연결된 선은 무수히 많다. 대표적인 예 중 하나가 나비효과를 들 수가 있을 것이다.

내가 존재하는 동안에 모든 일은 미지수의 영향을 받는다고 생각한다. 나라는 한 존재에서 인생의 큰 흐름이 존재하겠지만 그 흐름

속에 수많은 예외가 존재한다. 그래서 나는 내 인생을 미지수의 조합이라고 설명하고 싶다.

- $\lim_{im \to 0} \text{possible} = 1 \text{ possible}$

① '나'라는 사람을 표현하는 수학기호를 어떻게 만들어 낼까 고민한 끝에 지금 현재의 내 모습을 표현함과 동시에, 나 스스로가 바라는 나의 모습까지 담을 수 있는 기호를 생각해보게 되었다. 기호를 설명하자면, 좌변의 lim possible은 원래 lim/possible로 끊어봐야 하지만 나는 l/impossible로 끊어보는 것이 더 재미있을 것 같아서 굳이 lim impossible로 표현하지는 않았다. 우변의 l possible에서 l는 원래 L을 의미하지만 I와도 비슷한 모습을 하고 있어서 내가 원래 표현하고자 하는 바를 나타내는데 어색함이 없을 것이라고 보았다.

② 아직까지는 '가능'보다는 '불가능'이 많아 보이고, '성공'보다는 '실패'가 많은 '나'이다. 하지만, 그렇다고 해서 나 스스로를 좁은 틀에 가두고 좌절하는 삶을 살 것이 아니라 무한한 가능성을 가지고 끊임없이 도전하는 '나' 자신이 되고 싶다.

이러한 이유로 나 자신을 표현하는 수학기호를

$$\lim_{im \to 0} \text{possible} = 1 \text{ possible}$$

로 만들었다.

• **나와 도형의 닮음비**

수학에는 무수히 많은 도형들이 있다. 우리가 쉽게 아는 정사각형, 삼각형 등. '나'라는 존재를 누구나 어떤 도형으로 표현해 볼 수 있다. 외형적으로 그릴 수 없다고 치더라도 누구나 머릿속에서 '나'라는 도형을 생각해 볼 때 그 도형의 크기는 어느 정도일까? 수학에서는 도형을 닮음비라는 것으로 크기를 조절할 수 있다. 닮음비에 의하여 도형은 한없이 작아지기도 하고 한없이 커지기도 한다. 나는 '나'라는 어떤 도형을 놓고 보았을 때 지금 그 도형이 닮음비에 의해서 무수히 커질 수 있다고 생각한다. 무조건 큰 도형이 좋다는 생각은 하지 않는다. 그래도 나의 정신과 의지, 열정 모든 것을 포함한 나의 한 '도형'이 점점 교대 생활을 하면서 다양한 경험을 하고 많은 것을 배울 때 닮음비에 의해 커질 수 있을 것만 같다.

• **인생은 확률**

이 세상의 모든 것은 확률로 정해져있다. 절대로 0%란 존재하지 않는다. 나의 삶 또한 여기에서 벗어나지 않는다고 생각한다. 인생은 확률로 정해졌다. 확률은 크게 인위적 확률과 랜덤 확률 두 가지로 나눌 수 있다. 인위적인 확률은 무슨 목표를 성취하기 위해 준비를 해서 확률을 높여 인생을 바꾸어가는 것이다. 나에게는 대학에 붙을 확률을 높이기 위해 열심히 준비를 한 것이 여기에 속한다고 할 수 있다. 일반적인 다른 예를 들자면 살다가 여자친구를 사귀기 위해서 돈을 많이 번다든지 말솜씨를 늘린다든지 성형수술을 한다든지 해서 사귈 확률을 높이는 것이 인위적인 확률이다.

랜덤확률은 로또나 준비없이 살아가는 삶의 모든 것이 여기에 해당한다고 생각된다. 내일 어떤 일이 일어날지 예상할 수 없는 모든 삶이 랜덤 확률이라고 생각한다.

• 나의 삶은 경우의 수이다

지금껏 나는 살아오면서 많은 경우의 수가 있었다. 대학 진로를 선택할 때에도 많은 경우 중에 하나를 선택하였다. 앞으로도 나는 항상 많은 경우 중에 하나를 선택해야 할 것이다. 그래서 나의 삶은 경우의 수라고 말할 수 있다.

• 순서도

나를 수학적으로 표현하자면 순서도라고 할 수 있다. 나는 수도 없는 뉴런으로 이루어져 있기 때문이다. 뉴런의 신경세포체가 받아들이는 외부자극은 순서도에서의 명령이라고 할 수 있고 그것을 전달하는 과정, 즉 외부자극이 전달되어 가는 과정은 순서도에서의 과정이라고 볼 수 있기 때문이다.

그리고 순서도에서 명령의 결과는 우리가 자극에 반응하는 결과가 된다. 따라서 뉴런은 순서도이고, 우리는 수많은 뉴런으로 이루어진 존재이기 때문에 내 자신을 표현하자면 순서도라고 할 수 있다.

• 1이 있어야 2가 있다

이 말의 의미는 기본적인 것이 충족되어야 그 다음 것이 제대로 이룰 수 있다는 의미이다. 이 말은 곧 '가화만사성'이나 '수신제가치국평천하'라는 말과도 통한다. 예를 들어 사람은 배가 고프면 그 기본적인 욕구를 뛰어넘어 다른 욕구를 이룰 수 없다. 굶어 죽어가는 난민 어린이에게 셰익스피어 책보다는 한 줌의 식량이 더 우선일 것이다. 가화만사성은 집안이 화목해야 모든 일이 잘 된다는 의미이다. 이는 집안을 기본으로 보았다. 집에서 부모님과 싸우고 난 후 기분이 좋을 리 없다. 수신, 제가, 치국, 평천하 또한 마찬가지이다. 여기서는 으뜸이 되는 것을 수신으로 보았다. 내 몸을 먼저 다스려야 집안을 다스리고 나라를 다스리고 제국을 평정할 수 있다. 기초공사 없는 탑은 존재할 수 없다. 1이 없으면 2도 시작될 수 없다. 그 후 구성하는 요소인 1이 없기 때문이다. 모름지기 기초가 제대로 되어야 그 다음의 일도 가능한 것이다.

• 1+1=2가 아니다

수학적 표현으로는 1+1은 2가 된다. 그러나 우리가 사는 사회에서는 한사람 한사람이 모여 두 사람이 되는 것이 아니라 한 사회가 되는 것이다. 인간은 사회적 동물로 혼자서는 살아갈 수가 없다. 그러나 어리석고 근시안적인 우리 인간은 항상 자신의 힘으로 살아온 것처럼 착각하며 자신만의 이익을 우선시 한다. 그러나 우리는 하나의 공동체 속의 일원으로 살아간다.

1+1은 1이 되어 조화롭게 살 수 있다. 그 '1'(공동체 또는 사회) 속의 부분인 '1' (공동체 속의 개인)이 조화롭게 될 때, 더욱 인간답고 행복하

게 살 수 있을 것이라 생각한다. 이기주의가 만연한 현대 사회에서 1+1=2가 아니라 1+1=1이 되어 모두 다 함께 조화롭게 살 수 있도록 아름다운 사회를 만들자.

• 1+1+1 … + 1

우리의 사회는 개별적이고 유일한 존재의 개인으로 구성된다. 요즘의 사회는 이기적인 사회, 자신만 생각하는 사회적 경향이 있다. 개별적이고 고귀한 존재로서의 '나' 또한 소중하다. 그리고 이런 개별적 존재들은 모두 다를 수밖에 없다. 많은 상황들 속에서 자라온 환경이 다르고 그에 따른 가치관이 다르기 때문이다. 하지만 그런 것들을 인정하지 않을 때 우리 사회는 많은 분열이 있을 수밖에 없다. 서로를 이해하고 존중하여 통합되는 하나의 사회를 만드는 것이 필요하다. 개인적 좌우명으로 '타인에 대한 이해로 서로 이해하고 상호의존 속에 커가는 나 자신'이라는 의미를 지닌다.

• 노력은 정직하다

함수적으로 입력은 노력이고 결과는 성취라고 볼 때 인생 그 자체는 약속되어진 체계이다.

• 나의 하루는 25시간이다

하루는 24시간이다. 또한 그것은 누구에게나 주어지는 물리적 시간이다. 물론 나에게도 24시간이 주어진다. 예전에 '되돌릴 수 없는 두 가지가 있는데, 그것은 바로 시간과 입으로 내뱉은 말이다'라는 말을 들은 적이 있다. 그때부터 나는 시간의 중요성에 대해서 인식하게 되었다. 누구에게나 주어지는 24시간이라는 양은 내가 어떻게 해볼 수가 없다. 그래서 나는 시간의 질을 높이기로 했다. 그래서 같은 시간에도 높은 집중력을 발휘하고 공강 시간의 자투리 시간도 잘 활용한다. 또한 항상 해야 할 일을 미루지 않고 그때그때 부지런히 한다. 이렇게 의식적으로 시간의 질을 높이려고 노력한 결과 같은 시간에도 예전보다 훨씬 많은 일을 해낼 수 있었다. 따라서 나의 하루는 양이 아닌 질로써 25시간이라 생각한다.

- **나는 기울기가 1 이상인 1차함수의 삶을 살고 싶다**

x축을 내가 다른 사람이나 사회에서 받은 것이고 y축을 내가 다른 사람이나 사회에 베푼 것이라고 할 때에 받은 것보다는 더 많이 베푸는 사람이 되는 것이다. 그 기울기는 내 행동에 따라 다르겠지만 기울기가 1 이하인 삶을 살고 싶지는 않다.

- **'사람은 자신이 판 우물에서 산다.', '행복은 자기 마음속에 행복의 그릇을 준비한 사람에게만 주어지는 산물이다'**

첫 번째 말은 사람은 자신이 노력한 만큼 그에 맞는 결과물을 가지고 살아간다는 말이다. 이 표현에 나타난 수학적인 표현을 살펴보면 우물이라는 집합 속에 부, 명예, 건강, 행복감 이러한 것들이 포함되어 있다고 생각한다. 다시 말해서 내가 노력한 결과로 얻은 부와 명예, 행복감 이런 것들을 총체적으로 표현할 수 있는 더 큰 개념이 우물인 것 같다.

두 번째 말은 내가 생각하고 바라는 만큼 얻을 수 있다는 말이다. 특히 사람들을 대할 때 그 사람의 단점만 보게 되면 나 자신의 그릇이 작아지는 것 같다. 항상 장점만 보도록 노력은 하고 있지만 생활하다가 보면 그 일이 쉽지는 않다. 세상을 바라보는 눈에 있어서도 긍정적인 측면을 생각할수록 나 자신이 더 성장하는 것 같고 발전하는 것 같다.

- $\cup - \varnothing$

돈, 명예, 이성, … 사람들은 많은 것에 집착한다. 나 역시 그렇다. 하지만 한발 뒤로 물러서서 혹은 시간이 지나서 보면 다 부질없는 것 같다. 세상 전체집합은 공집합인 것이다. 집착은 고통을 부른다. 집착을 버리고 모든 것이 공집합이라는 생각을 가지고 자유롭게 살고 싶다.

• **나는 세상 일이 가우스 기호와 같다고 생각한다**

예를 들어 [ ] 안의 변수가 1에 근접해도 1보다 적다면 그것은 0이고 아무리 적은 수지만 [ ]의 수가 1보다 조금이라도 넘으면 그것은 1이다. [ ] 안의 어떤 변수가 노력이라고 한다면 정말 1이라는 어떤 추상적인 노력의 한계를 넘었을 경우에만 그것이 1이라는 가시적인 결과물을 나타나고, [0.99999…]처럼 1에 근접을 해도 그 선을 넘지 못하면 그 노력은 인정받지 못하는 것이 세상일이라고 생각한다. 그래서 자신의 노력이 헛되이 되지 않기 위해서는 어느 정도 선을 넘어야 하는 것이고 그렇지 않을 바에는 아예 시작하지 않고 다른 길을 찾는 것이 낫다.

• **'인생을 미분으로 보면 비극이지만 적분으로 보면 희극이다'**

하루하루 혹은 순간순간에 부딪히는 상황은 괴롭고 힘든 일이 많을 수 있지만, 한발 멀리서 바라보면 아름다울 수 있다는 말이다. 고등학교 당시에는 매일매일 해야 할 일과 꽉 짜여진 일정 때문에 힘이 들었지만, 지나고 보면 그것도 즐거웠던 기억으로 남아있는 것이다. 또는 시험을 망치거나 대학에 떨어지는 일이 있더라도, 그 일이 원인이 되어 나에게 더 많은 발전을 가져다 줄 수도 있다고 넓게 생각하여, 그것이 그렇게 나쁜 일만은 아닌 것이 된다. 이렇게 여유를 가지고 살자는 뜻에서 좌우명을 짓게 되었다. 원래는 인생을 가까이에서 보면 희극이고 멀리 서서 보면 비극이라는 말인데 수학이 미적분의 개념과 통하는 것 같아서 이렇게 표현해 보았다.

• 의지만으로 가능성이 무한대로 확장되지 않는다. 하지만 의지가 없다면 0으로 수렴한다

어떤 일을 이루기 위해서는 많은 것들이 필요하지만, 그 중에서 가장 중요한 것이 하고자 하는 의지라고 생각한다. 물론 강한 의지도 주위의 여건에 의해 꺾일 때도 있지만, 처음부터 포기하는 것은 성공할 가능성을 완전히 없애는 것이다. 즉 내가 해야 하는 일, 혹은 하고 싶은 일에 대해 하고자 하는 의지를 가지고 최선을 다하자는 뜻이다. 의지는 성공의 충분조건은 아니다. 하지만 가장 중요한 필요조건이다.

• 나의 인생을 직선처럼 살자

직선은 절대 굽히지 않고 내 소신을 믿고 밀고 나갈 수 있는 용기와 배짱이 있다. 그리고 이것은 유클리드 공간의 직선이 아닌, 우리가 실재로 살고 있는 지구상의 비유클리드 공간이다. 여기에서 직선은 계속 뻗다 보면 선이 지구를 한 바퀴 돌아 다시 나의 뒤로 오게 된다. 무엇이든지 다시 초심으로 돌아갈 수 있는 마음도 가지고 싶다.

• +보다는 −, ×보다는 ÷

받는 줄만 아는 사람보다는 다른 사람에게 줄 수 있는 사람, 내 것에 남의 것을 더해 몇 배로 불리려는 사람보다는 내 것을 남과 함께 나눌 줄 아는 사람이 되자.

• 나의 좌우명은 '통분 약분을 잘하자'이다.

A, B, C 세 사람이 있다. 이 세 사람을 각각 분수로 나타내자면

1/3, 2/6, 4/12로 나타낼 수 있다. 언뜻 보기에는 이 세 분수는 무엇 하나 공통점이 없다. 그러나 좀 더 자세히 들여다보면 겉으로 드러난 숫자만 다를 뿐 결과적으로 같은 양, 같은 내용이다. 우리 또한 이와 같다. 사람들은 자신만의 의견을 가지고 있고 또한 그것을 지키려고 애를 쓴다. 서로 자기 의견에만 신경을 쓰다 보면 다른 사람의 의견에는 소홀해지기 마련이다. '너는 나와 너무 달라, 이해할 수 없어'라며 서로 멀어져만 가는 것이다. 하지만 조금만이라도 다른 사람의 입장이 되어 생각하고자 노력해 보면 전혀 이해할 수 없던 생각들은 어느새 내 생각이 되고, 저 사람과 내가 전혀 다르지 않다는 것을 깨달을 수 있게 된다.

• 절댓값 기호 같은 인생을 살고 싶다

다른 사람들과 관계를 맺는데 있어서 그가 이제까지 살아온 인생의 부호가 +이든 −이든 나와의 만남을 통해 +효과가 낼 수 있도록 만들어주는 영향력 있는 사람이 되고 싶다. 나로 인해 기쁘고 즐겁고 행복하고 편안해지고, 인생에서 긍정적이고 생산적인 +효과를 많이 내는 사람이 된다면 참으로 뿌듯한 일인 것 같다. 또 −의 삶을 살았던 사람에게는 그 부족한 공간을 채워주는 0 상태에서 머물지 않고 그만큼의 공간을 더 보태줄 수 있는 +의 삶을 살았던 사람과도 그 삶을 공유하며 함께 할 수 있는 그런 절댓값 기호 같은 사람이 되고 싶다.

• **복잡하고 이성적이기보다는 단순하고 열정적이게!**

'시간 지나간 만큼 나의 꿈을 향한 열정의 함수 $f(x)$를 미분하여도 0이 되지 않게 하게 하자' 삶을 살아감에 있어서 중요한 것이 정말 많다. 하지만 그 무엇보다 내가 선택할 때의 기준은 '삶의 행복' 그 하나이다. 나는 젊어서는 그 나름대로의 꿈을 향하고 달려갈 때 행복하다고 믿는다. 그렇기 때문에 이것저것 재고 따지면서 계산하고 싶지 않다. 지금이 아니면 영영 할 수 없을 것들이 많기 때문이다.

• **'∞와 같은 마음으로 살자'**

나 자신뿐만 아니라 모든 것을 수용할 수 있는 마음을 갖고 긍정적으로 살아가자는 것이 나의 좌우명이다. 나 스스로도 할 수 있다는 가능성을 믿고, 무엇이든 최선을 다하고 쉽게 좌절하지 말자는 것이다.

• **인생은 방정식이다**

내 인생은 내가 만드는 방정식이다. 방정식은 미지수가 포함되어 있다. 예를 들어 $2x+6=10$인 문제에서 미지수에 어떤 값을 넣느냐에 따라 결과는 달라진다. 미지수 x에 1을 넣으면 결과는 10이 아닌 8이 되고, 3을 넣으면 12가 되므로 이 방정식은 성립되지 않는다. 결국 인생도 마찬가지가 아닐까? 내가 어떻게 행동하느냐에 따라 돌아오는 결과가 천차만별이니까 말이다.

만약 방정식의 결과가 오답이라면, 즉 인생에 실패했다면 그것은 내가 중간과정을 잘못한 것이 될 것이다. 물론 인생에는 정답은 존재하지 않는다. 어떤 인생이 실패했고, 어떤 인생이 성공했는가의 척도 또한 일반적으로 존재하지 않는다. 하지만 중요한 것은 풀이, 다시 말해 해결 중간과정을 잘못하면 내가 의도하고 목표하지 않은 전혀 엉뚱한 결과가 초래된다는 것이다.

그만큼 인생은 항상 자기 자신이 주인공이다. 정답이 되어도 오답이 되어도 나로 인해 나온 답인 것이다. 누구의 탓을 할 수는 없다. 항상 이것을 명심하고 내 삶에 최선을 다하는 나 자신이 되어야겠다.

• 나를 수학적으로 정이십각형으로 나타내고 싶다

정이십각형은 정다각형 중에서 원에 가장 가까운 다각형이다. 하지만 원은 아니다. 원이 되기에는 각이 아직 남아있고 모가 나 있다.

나는 내 인생과 내 마음을 원처럼 가꾸는 삶을 사는 것이 목표이지만 아직 원이 되기에는 부족하다. 언젠가는 원과 같이 모나지 않는 마음을 가지고 살 수 있도록 노력할 것이다.

• 수학에는 정답이 있지만 내 인생에 정답은 존재하지 않는다

조건이 주어졌을 때 수학은 정답이 존재한다. 그래서 수학문제가 주어지려면 해가 존재해야 하고 그 해를 찾아 논리적인 설명을 가하여 문제해결을 종료한다.

하지만 내 인생의 순간순간 최선책이 있을 뿐이지 정답은 존재하지 않는다고 생각한다. 뒤늦게 후회할 수도 있지만 나의 선택이므로 만족하며 살아갈 것이다.

- **나는 내 안에 있는 욕심, 고집, 쓸데없는 걱정, 이기심 등 모두 버리고 싶다. 내 안에 든 것이 10개라면 이 모든 10개를 빼고 그냥 나로 남고 싶다**

지금의 나는 10－0＝10, 즉 아무것도 버리지 못하고 살아가고 있지만 언젠가는 하나씩 하나씩 버려 나가려고 노력한다. 10－1＝9, 10－2＝8, 10－3＝7을 거쳐 마침내 10－10＝0의 내가 되고 싶다. 내 안의 쓸데없는 모든 것을 버린 홀가분하고 시원한 나와 하루 빨리 만나고 싶다.

- **나 자신을 몰라서 손해보지도 희생하지도 않는 사람들의 집합에 속한다**

문자로 표시하자면 ＋, －, 0이라고 표시할 수 있을지 모르겠다. ＋(받는 만큼), －(주고), －(주는 만큼), ＋(받아) 결국은 0이 되는 사람들이다. 어쩌면 이런 준거집단 속에 들어가고 싶은 마음이고 실은 몰라서 손해 보는 사람일수도 있다. 인정하고 싶지 않아서 그런 건지 실제로 그런지는 정확히 알 수 없지만 지금은 나 자신을 ＋, －, 0의 집합에 포함한다.

- **나의 인생은 0에서 1 사이를 달려가는 수직선과 같다**

멀리서 보면 0에서 1 사이는 아주 작은 크기에 불과하지만 자세히 살펴보면 그 사이에는 무한한 수가 존재하고, 또한 무(無)였던 0에서 1을 창조해 나간다. 이처럼 나의 인생도 남들이 보기에는 아무것도 없는 미약한 출발로 시작하였을지 모르지만 자세히 들여다보면 1을 향하여 끝없이 돌진하며 그 사이에는 무한한 생각과 경험들이 1을 향해 달려가고 있는 나를 채우고 있다는 것이다. 비록 미미한 존재이지만 나만의 정체성을 만들고 나의 존재를 제대로 만들기 위한 최선을 다하여 나만의 향기를 머금은 한 송이 꽃으로 거듭나고 싶다.

• 나의 인생은 0~1까지의 범위로 정의할 수 있다고 생각한다

처음에 내가 태어났을 때에는 아무것도 가지지 않은, 즉 아무것도 없다라는 의미의 0에서부터 시작해서, 내가 성장하면서 가졌던 많은 꿈들 중에서 하나(1)라도 이루고 싶은 마음에서 나의 인생의 범위를 0~1까지라고 생각한다.

1이라는 숫자는 보잘 것 없지만 아무것도 없다는 0에서 무언가 있다는 1까지 도달하기 위해서는 피땀어린 노력이 필요하다고 생각한다. 즉 무에서 유를 창조하는 것이기 때문에 나는 0~1까지의 인생을 살고 싶다.

• 나는 구와 비슷한 것 같다

왜냐하면 '구'는 동형영역에서 공 모양으로 초등학교 1학년에서부터 배운다. 그러나 구의 방정식이나 부피나 겉넓이 등 구의 실질적이고 본질적인 개념은 고차적인 사고력이 요구되어 고학년이 되어서야 다루게 된다.

즉, 겉보기엔 쉽고 친근해 보이는 구이지만, 구를 제대로 알려면 많은 시간과 사고가 요구된다. 이렇듯 나의 외모도 언뜻 보면 둥근 얼굴에 대체로 둥근 몸, 통통 튀는 말투는 구를 연상할 수 있다. 그리고 내부 성향 또한 처음 보는 사람, 환경 등에 비교적 잘 적응하며 원만하다. 그러나 실제적인 구를 제대로 알려면 오랜 시간이 걸리듯, 나의 참모습을 상대에게 알리는 것에는 많은 시간과 노력이 요구되는 것 같다. '구'를 많이 닮은 듯하다.

- I+□ ≒ I

I는 나를 의미한다. 그리고 □는 어떤 말을 넣어도 가능한 미지의 기호이다. 즉 내 삶에 있어, 어떤 상황 및 변수를 더해도 결국 나만 오롯이 남는다는 말이다. 데카르트는 회의와 회의를 거듭한 끝에 결국 자신만이 남는다고 하면서 '나는 생각한다. 고로 존재한다.'라는 철학적 명제를 남겼다. 이와 유사하게 나 자신에게도 어떤 것을 부가해도 결국 나만 남는다. 결국 I는 어찌보면 나 자신의 정체성(identity)인지도 모르겠다. 그러나 세상의 변화에 전혀 변화하지 않는 고집스러움을 버리고 조금은 유연하게 살고자 '=' 기호 대신에 '≒'를 사용했다.

- **측정값 미만, 이하, 이상, 초과를 도입하여**

빵점짜리 인생은 존재하지 않는다. 굳이 인생을 점수로 나타낼 수는 없지만 평균을 80점이라고 했을 때, 나는 80점 미만의 삶도 이하의 삶도 초과의 삶도 싫다. 무난하게 평범하게 살고 싶으면 그보다 조금 더 나은 삶을 바랄 뿐이다. 평범하게 산다는 것이 가장 어려운 것 같다.

• **어림값**(버림, 반올림, 올림을 적용하여)

나의 단점은 버리고

친구의 단점은 반올림해주고

나와 친구의 장점은 올림하자.

• 2000**과** 50, **논술** 5000**자를** 50**분 안에 써야 한다**.

• **지금 원고를 쓰고 있는 하나하나의 정사각형이라고나 할까**?

원고지를 이루는 작은 정사각형 하나하나가 모여서 큰 정사각형을 이루듯, 지금 나는 내세울 것도 자랑할 것도 없는 아주 미약한 존재로서 처음 출발에서부터 나중에 큰 의미를 갖게 되기까지 정성과 노력으로 하나하나를 쌓고 이루어가자는 뜻이다. 조금이라도 벗어나거나 반듯하지 못하면 하나의 또 다른 완성체를 이룰 수 없는 정사각형들의 모임을 보면서 나 자신에게도 똑같은 말을 해 본다. 좀 더 의미있고 가치있다고 여겨지는 새로운 존재가 되기 위하여, 오늘 하루도 부단히 노력하며 쉼 없는 전진을 하고자 한다.

지은이 **김 상 룡**

경북대학교 자연과학대학 통계학과
경북대학교 대학원 통계학 전공 이학박사
현재 대구교육대학교 수학교육과 교수
대표저서 『생활과 수학의 만남』(경문사, 2003)
E-mail : slkim@dnue.ac.kr

내 마음 속의 수학풍경

초판 인쇄 / 2011년 6월 25일
초판 발행 / 2011년 6월 30일

지은이 / 김상룡
펴낸이 / 오판근
펴낸곳 / 교우사
출판등록 / 1994년 3월 24일 제6-0256호
주소 / 서울특별시 동대문구 제기2동 148-19
전화 / 02)925-2861(대표전화), 02)925-2825(편집부)
팩스 / 02)925-2860

kyowoo@kyowoo.co.kr
http://www.kyowoo.co.kr

ISBN 978-89-8172-884-7

가격 **15,000**원